絵とき
測量

粟津清蔵 監修
包国 勝　茶畑洋介　平田健一　小松博英 共著

改訂2版

Ohmsha

編 集 委 員 会

監　　修：粟津清蔵（日本大学名誉教授・工学博士）
編集委員：宮田隆弘（前高知県立高知工業高等学校校長）
　　　　　浅賀榮三（前栃木県立宇都宮工業高等学校校長）
　　　　　國澤正和（大阪私立泉尾工業高等学校校長）
　　　　　田島富男（前東京都立町田工業高等学校教頭）

本書は，「著作権法」によって，著作権等の権利が保護されている著作物です．本書の複製権・翻訳権・上映権・譲渡権・公衆送信権（送信可能化権を含む）は著作権者が保有しています．本書の全部または一部につき，無断で転載，複写複製，電子的装置への入力等をされると，著作権等の権利侵害となる場合がありますので，ご注意ください．

本書の無断複写は，著作権法上の制限事項を除き，禁じられています．本書の複写複製を希望される場合は，そのつど事前に下記へ連絡して許諾を得てください．

(株)日本著作出版権管理システム（電話 03-3817-5670，FAX 03-3815-8199）

JCLS ＜(株)日本著作出版権管理システム委託出版物＞

はじめに

　測量（survey）は，地表面上の諸点の関係位置を定める技術であり，測量法では「測量とは土地の測量をいい，地図の調整および測量用写真の撮影を含むものとする」と規定しています．

　測量は，各種土木工事の計画・調査・設計・施工において，あらゆる場面に必要な専門分野であり，工事が複雑化・近代化し，また地球環境への配慮が求められる今日では，その重要性はいよいよ大きくなっています．

　このたびの改訂2版では，上記の必要性をふまえ，1章 測量の歴史，2章 測量の基礎，3章 平面の測量，4章 高低の測量，5章 GPS測量，6章 地形測量・写真測量，7章 これからの測量技術からなる構成とし，加えて平成12年に改訂された高等学校学習指導要領に準じたものとなっています．内容については，「絵とき測量」として初歩の測量を学習される方が，気軽に，1章 測量の歴史から2章 測量の基礎へとごく自然に入っていただけるように，イラストや身近な例を挿入し編集しました．3章 平面の測量と，4章 高低の測量は基礎的なことを近代化された器種を用いて説明しています．5章は人工衛星を使った測量システムGPS測量の原理・特徴について説明しました．さらに，これからの測量技術については7章において紹介しています．

　ページ数の関係もあり，専門書としては物足りない感がすると思いますが，初歩的な事項については各章とも十分説明しています．ここでの知識をもとに，より高いレベルの専門書へと進んでいただければ幸いです．

　終わりに，本書の改訂にあたり，オーム社出版部や関係の方々にはいろいろご尽力をいただきました．ここにお礼申し上げます．

2005年6月

著者らしるす

目次

1章 測量の歴史

- 1-1 測量とは ……………………………… 2
- 1-2 測量の歴史 …………………………… 6
- 1-3 測量と数学 …………………………… 10
- 1-4 地球の姿 ……………………………… 12
- 1-5 地球の測定 …………………………… 14
- **1章のまとめ** ……………………………… 16

2章 測量の基礎

- 2-1 地球上の位置 ………………………… 18
- 2-2 測量の誤差 …………………………… 20
- 2-3 距離とは ……………………………… 22
- 2-4 平たん地の距離測量 ………………… 24
- 2-5 傾斜地の距離測量 …………………… 26
- 2-6 光波測距儀 …………………………… 28
- 2-7 距離測量の誤差 ……………………… 30
- 2-8 距離測量による平面図 ……………… 32
- 2-9 角度とは ……………………………… 34
- 2-10 測角器具 ……………………………… 36
- 2-11 水平角の測定 ………………………… 40
- 2-12 鉛直角の測定 ………………………… 44
- 2-13 測角の誤差 …………………………… 46
- 2-14 トータルステーションとは ………… 48
- **2章のまとめ** ……………………………… 52

3章　平面の測量

3-1	骨組測量とは	54
3-2	踏査・選定・造標	56
3-3	角　観　測	58
3-4	観測角の点検・調整	60
3-5	方位角の計算	62
3-6	方位の計算	64
3-7	緯距と経距の計算	66
3-8	閉合誤差と閉合比	68
3-9	骨組測量の調整	70
3-10	合緯距と合経距	72
3-11	骨組測量の製図	74
3-12	平板測量とは	76
3-13	平板の標定	78
3-14	放　射　法	80
3-15	道　線　法	82
3-16	平板の誤差と精度	84
3-17	電　子　平　板	86
3-18	三角区分法	88
3-19	直角座標値による方法	90
3-20	倍横距による方法	92
3-21	曲線部の測定	94
3-22	プラニメータによる測定	96
	3章のまとめ	98

■目　次

4章　高低の測量

- 4-1　高低測量とは ………………………… *100*
- 4-2　器具と用語 …………………………… *102*
- 4-3　昇　降　式 …………………………… *104*
- 4-4　器　高　式 …………………………… *106*
- 4-5　交互水準測量 ………………………… *108*
- 4-6　誤差と精度 …………………………… *110*
- 4-7　電子レベル …………………………… *112*
- 4-8　縦　断　測　量 ……………………… *114*
- 4-9　横　断　測　量 ……………………… *116*
- 4-10　断　面　法 …………………………… *118*
- 4-11　点　高　法 …………………………… *120*
- 4-12　等　高　線　法 ……………………… *122*
- **4**章のまとめ ……………………………… *124*

5章　GPS測量

- 5-1　GPS測量とは ………………………… *126*
- 5-2　GPS測量の原理 ……………………… *128*
- 5-3　GPS測量の特徴 ……………………… *130*
- 5-4　GPS測量の利用 ……………………… *134*
- **5**章のまとめ ……………………………… *136*

6章 地形測量・写真測量

- 6-1 地形測量の順序 …………………… *138*
- 6-2 地　形　図 …………………………… *142*
- 6-3 等高線の測定 ………………………… *144*
- 6-4 等高線の利用 ………………………… *146*
- 6-5 国土地理院地形図 …………………… *148*
- 6-6 写真測量の種類と順序 ……………… *150*
- 6-7 空中写真の性質 ……………………… *152*
- 6-8 写真の実体視 ………………………… *156*
- 6-9 空中写真の利用 ……………………… *158*
- **6**章のまとめ …………………………… *160*

7章 これからの測量技術

- 7-1 VLBI 測量 …………………………… *162*
- 7-2 レーザースキャナ測量 ……………… *164*
- 7-3 GIS とは ……………………………… *166*
- **7**章のまとめ …………………………… *168*

参 考 文 献 …………………………………… *169*
索　　　引 …………………………………… *171*

測量の歴史

1章

地図を広げた野中兼山銅像
（高知県本山町・帰全山公園）

兼山（1615～1663）は，33年間にわたって土佐藩執政として大規模な新田開発事業を行い土佐藩の基礎を築いた人物であり，卓越した土木技術者であった．

兼山失脚後の一族の悲劇は，「婉という女」（大原富枝著）に描かれている．

1-1 測量とは

1

量を測るとは

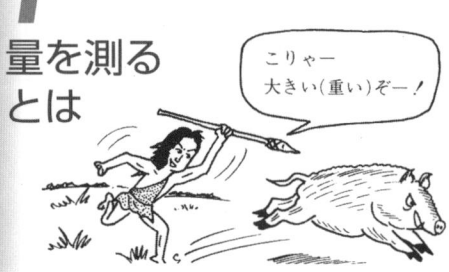

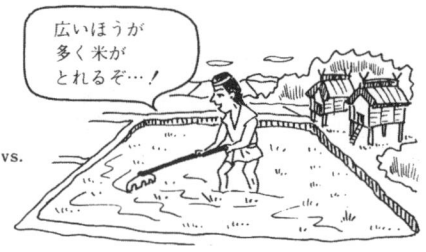

度・量・衡とは

人類が集団生活を営み，他集団との交わりが生じてくるにつれて，まず物々交換というものが発生してきた．

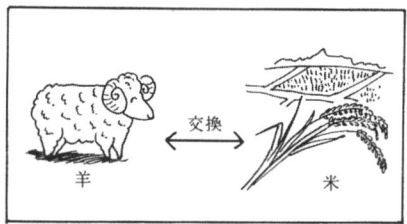

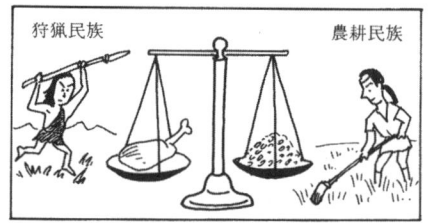

そのときに必要となるのは，集団間での統一された単位，すなわち**度・量・衡**である．

遊牧（狩猟）民族は**重さ**を，農耕民族は**長さ**，すなわち**広さ**の概念（単位）を重視してきたと想像される．

測量の起源は定かではないが，B.C.（紀元前）3千年ぐらいに，古代エジプトにおいて，ナイル川のはんらんによる農耕地の境界を定めることより発生したといわれる．

ナイル川（エジプト）の雨期に伴う増水による
はんらん（6～9月）

↓

減水によって肥えた土地が出現（10～翌2月）

↓

毎年，改めて土地を測り直さなければならなかった

↓

そのために，測量技術が発達

＜度＞

物差し
⇩
長さ（距離）

＜量＞

升
⇩
面積・体積

＜衡＞

はかり
⇩
重さ

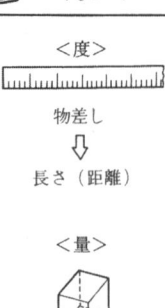

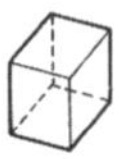

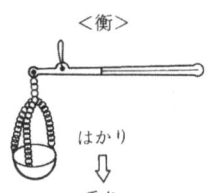

量を測るとは

> 人間は万物
> の尺度なり

測量では度と量，すなわち**長さ（尺度）**が最も大事となる．そこで，尺度の変遷について述べていくことにする．

■ 長さに関する単位の変遷 1

（1）古代における単位のとり方

有史以来，万物の長さは，人体によって表現されてきたといえる．これは，あらゆる民族においていえることであり，人類が考えた合理的な表現の尺度で自然と人間の肉体そのもので表現してきた．

① 日 本
- 尋：大人が両手を広げた長さ（約 160 ～ 180 cm）
- 尺：中指から肘までの長さ（約 30.3 cm）
- 寸：人差指から中指までの長さ（1/10 尺 = 3.03 cm）

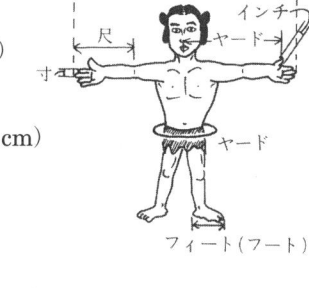

② イギリス
- ヤード
  - ①「棒」「さお」の意味
  - ②ある王の鼻の頭から親指の先までの長さ
  - ③アングロサクソン人の腰の回りの長さ（1 ヤード ≒ 90.9 cm）
- フィート：足の大きさ
  （1 フィート = 30.48 cm）
- インチ：親指の幅，あるいは大麦の粒 3 個の長さ
  （1 インチ = 1/12 フィート = 2.54 cm）

「指をのべて**寸**を知り，
手をのべて**尺**を知り，
肘をのべて**尋**を知る」

Coffee Breake　単位は権力者より

そのときの権力者が，単位について意のままにしてきたともいえる．例えば，フランスにおいては，「王の足」を基準として長さをとったという説もある．

 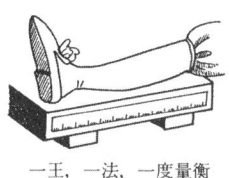 

一王，一法，一度量衡

1-1 測量とは

> 単位による
> 世界制覇

■ 長さに関する単位の変遷2

(1) メートルの誕生

前頁で述べたように，人体の一部分などで表現した長さの単位は，各国まちまちであり，各国間での交流が盛んになるにつれて，広い世界的な範囲での統一された長さの単位がどうしても欠かせないものとなってきた．

エリザベス女王（イギリス），ルイ14世（フランス）など，その時代の権力者達は「世界的な単位の統一」をもくろむが，その実現は難しかった．

しかし，フランスが革命さなかの1790年代に，世界中の国々すべてに同じ「長さの単位」を使わせようとする途方もない大仕事を

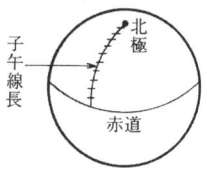

1メートル[m]＝
赤道と極との間の子午線長の1000万分の1

行った．それが世界共通単位の**メートル法の制定**であった．この制定で最も重要なことは，「長さの単位を何に基づけるのか…？」であった．

そこで，誰もが納得できるように，人類が測定し得る最大にして「不変」の物体（地球）からメートル単位を導き出そうとした．

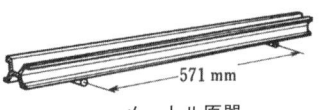

メートル原器

このようにして定められた「メートル単位」は，「メートル原器」という人工物を通して世界に普及していった（1886～1957年）．

(2) 絶対不変なもの（光の波長）へ

20世紀になると，厳密には「地球の形は時間とともに変わる．地球の大きさが絶対に不変とはいえない．不確かさがある」ことが指摘された．そこで，永久かつ絶対に不変なものとして，形・質量のない**光**が着目された．

地球より永久不変なもの➡「原子スペクトル線の波長」を基準

➡現在の「**新メートル単位**」の誕生

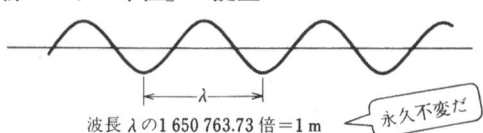

波長 λ の 1 650 763.73 倍＝1 m 　　永久不変だ

量を測るとは

> 測量とは長さを
> 測るものなり

■ 長さに関する単位の変遷 3

(1) 測量とは何を測るのか？

測量の「量」は，古来「升」を意味した．すなわち，体積ともいえる．

測量→量「升（体積）→面積→長さ」を測ること．長さ x, y, z を測ることによって，面積 A，および体積 V を求めることを意味している．

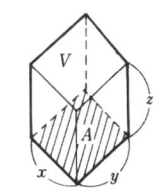

長さ x, y, z の測定→面積 $A = x \cdot y$

→体積（土量）$V = A \cdot z = (x \cdot y) \cdot z$

(2) 現在の測量の流れ

より簡単にいえば，測量器械を用いて「長さ（距離）」を測定し，面積などを求めることである．

```
測量とは → 距離・水平角・鉛直角の測定 → 地球表面上の位置の決定
                                    → 土地などの形状・面積の測定 → 図示
```

(3) 諸地点相互の位置の定め方　長さと角度で位置は定まる．

地球表面とは，地上のような平面的なものだけではなく空中などの空間的（立体的）な範囲をも含むものである．

① 平面的な場合（同一水平面上の場合）

　O 点：測点（基準となる点）

　ON 線：測線（O 点を通り基準となる線）

　A 点の位置→ $\begin{cases} 水平角\ \alpha \\ 水平距離\ l \end{cases}$ によって定まる．

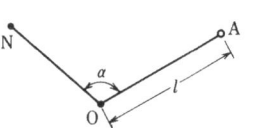

② 空間的な場合

　A 点の位置→ $\begin{cases} 水平角\ \alpha \\ 水平距離\ l \\ A 点の高さ\ h \end{cases}$ の測定によって定まる．

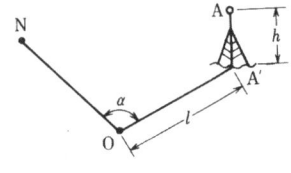

測量作業には，計画→測定→結果のまとめの大きく三つの段階があり，具体的には，水平角 α・水平距離 l・高さ h の測量の三要素を求める作業である．

　測量の作業 $\begin{cases} 外業……野外で行う実際の測量作業 \\ 内業……外業の結果を整理・計算して製図をする作業 \end{cases}$

1-2 測量の歴史

2
測量は太古の昔から

> **この土地は誰のもの？**

　測量という概念は，農耕文明が始まって農耕地の境界を定める必要性から発達したと考えられている．

　例えば，古代エジプトにおいては，ナイル川のはんらんで，毎年，改めて土地を測り直さなければならなかった．そのために測量技術が発達してきたといわれ，紀元前2600年ごろに造られたピラミッドは，その当時の測量技術が相当な水準にあったことを想像させる．

　日本においては，5世紀ごろに造られた巨大な前方後円墳が，優れた土木技術，すなわち距離・角度などの測量技術の存在を示している．

　我が国の歴史をみると，古代での律令制，中世での荘園制，近世での大名制，近代での富国策など，時代の為政者の施策によって測量技術が発達してきたといえる．

クフ王のピラミッド
第4王朝，ギーザ，
高さ146.5m

仁徳陵古墳
全長486m
大阪府堺市

▌Coffee Breake

　ピラミッドの建設に従事したのは，「奴隷」ではなく，「農閑期（3〜5月）の農民」だったのではないか？すなわち，農民の失業対策という説もある．
　　　　　　　現代の土木工事はミクロの世界！！
　瀬戸大橋と並ぶ昭和の2大プロジェクト工事である世界最長の海底トンネルである青函トンネル（海底23.3km，全長53.85km）は，この三角測量や水準測量を応用したものである．その結果，海底部・トンネル内の貫通地点の誤差は644mm，水平誤差は146mmというすばらしい精度であった．

測量は太古の昔から

> **太閤はやはり偉い**

豊臣秀吉が「サルから関白太政大臣」へと驚異的な立身出世をしたターニングポイント（岐路）は，土木的な才能であったことは間違いがない．また，歴史上に残る戦国武将はおおむね優秀な土木技術者でもあった．その中でも秀吉は，ずば抜けた才能を示し，天下を取った．天下人となってから行われた「太閤検地（1582～1598年）」は，応仁の乱（1467年）以降，不統一な状態の度量衡・土地台帳を全国的規模の土地測量を実施して，土地台帳の整備・一大国絵図を作成したものである．

検地は耕地を測ること $\begin{cases} 面積の測定 \\ 年貢賦役の決定 \end{cases}$

■ 太閤検地の状況図

長方形から，面積を求めるのを基本的としている．また，台形の場合には，イは外側に，ロは内側に立てて，長方形に置き直して測定する方法をとっている．

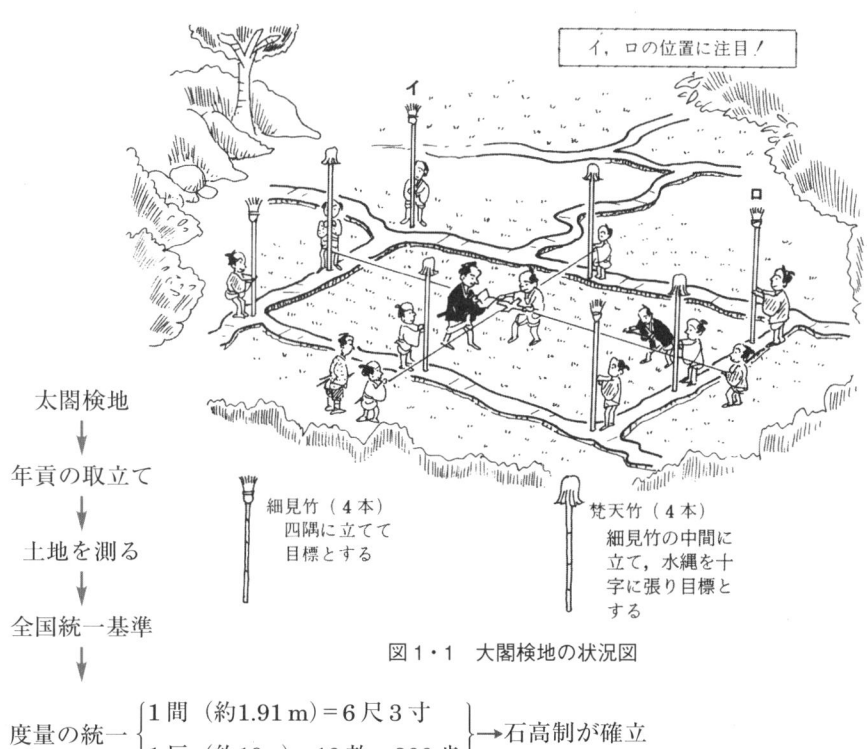

太閤検地
↓
年貢の取立て
↓
土地を測る
↓
全国統一基準
↓
度量の統一 $\begin{cases} 1間（約1.91 m）＝6尺3寸 \\ 1反（約10 a）＝10畝＝300歩 \end{cases}$ →石高制が確立

図1・1　大閤検地の状況図

1-2 測量の歴史

> 日本を測った男，
> 50歳の挑戦

伊能忠敬は，地球を測るための第一歩として日本を測った男で，地球に恋した人物であった．その自分の夢を全うしきった人生に対してはいかなる者でも驚嘆せざるをえないだろう．

■ 忠敬の二つの人生

① 豪商・伊能家の当主としての人生
　（50歳まで）

② 日本を測った男としての人生
　（50歳以降）

日本を測った男，伊能忠敬（1745 〜 1818 年）

↓

驚くなかれ！　50歳を過ぎての挑戦

↓

15年の歳月を要して日本列島をくまなく歩いた男

↓

北は蝦夷地（北海道）〜南は薩摩・屋久島（鹿児島）まで

↓

34 900 km（地球一周分に相当）……足跡は4千万歩を超える

↓

自らの足とわずかな道具を使って初めて日本列島の正確な地図を作る

↓

8枚組の日本地図，214枚一組の途方もない地図を作成

↓

縮尺 $S = 1/38\,000$「大日本沿海輿地全図（伊能図）」

↓

日本列島の正確な姿が初めて明らかになった

　この伊能図は，近代的な日本地図であり，その精度は後年，国際的にも高い評価を得た．

測量は太古の昔から

> 忍者による
> 地図作り

■ 地図の作成に必要な忠敬の測量方法

(1) 距離の測定（歩測）：1歩の歩幅が長さの単位「歩く」という繰返し動作の「単位」は1歩歩幅

1歩 ≒ 69 cm にて測定（時と所を問わず共通）

　　距離 = 歩幅 × 歩数

(2) 海岸線などの曲がり具合の測定　半円方位盤，梵天などを利用した．

・曲がり角 C に方位盤を据える．
・その両隣の隅 A，B に梵天を立てる．
・北を軸に二つの梵天の角度 $\angle A$，$\angle B$ を測る．

　　$\angle C = \angle A + \angle B$

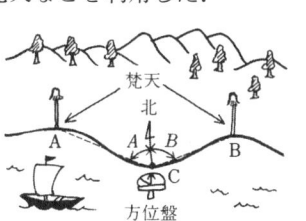

(3) 坂道の長さから底辺の長さを割り出す

・坂道の長さ l
・象限儀を用いて角度 θ を測定
・底辺の長さ L を割り出す

　　$L = l \cdot \cos\theta$

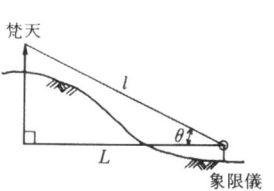

（三角関数の項（p.10）を参照）

正確な地図に必要な距離は，底辺の長さ L である．

■ 忠敬の用いた測量器具

　　鎖　　　半円方位盤　　梵天　　　象限儀　　　　量程車

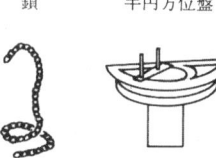  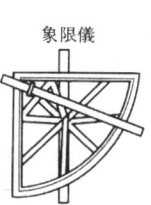 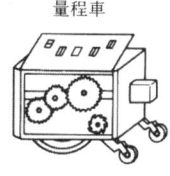

図 1・2　忠敬の用いた測量器具

Coffee Breake

伊能忠敬は，忍者がよく用いた量程車にて距離を測ったこと，あるいは幕府御用の測量方であったことより，幕府の密偵（忍者）であるという説もある．ただし，量程車は，実際にはガタガタ道では役に立たず，忠敬は歩測や鎖を用いて距離を測ったといわれている．

1-3 測量と数学

3 定規のみで角度を表す

角度は三角比で

古くから測量に最もよく用いられて諸問題の解決に貢献してきたのが三角比（三角関数）である．

右図のように，底辺 52 cm，高さ 30 cm のときの角度 θ は約 30°である．これが，tan（正接）である．こうすれば，分度器を使わなくても長さのみでこう配（角度）を表すことができる．すなわち，直角三角形において底辺と高さが定まると角度も定まるということになる．そこで，角度を直角三角形の二辺の比で表したものを三角関数という．

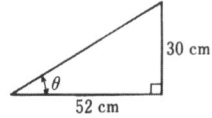

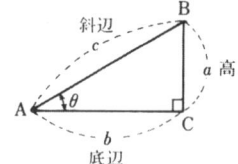

正弦 $\sin \theta = \dfrac{a}{c} \dfrac{高さ}{斜辺}$　　$\mathcal{S}in \rightarrow$

余弦 $\cos \theta = \dfrac{b}{c} \dfrac{底辺}{斜辺}$　　$\mathcal{C}os \rightarrow$

正接 $\tan \theta = \dfrac{a}{b} \dfrac{高さ}{底辺}$　　$tan \rightarrow$

〔例 1・1〕 下図において，木の高さ H を求めよ．

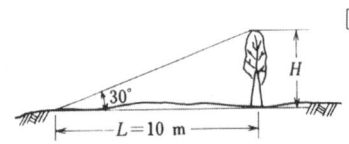

[解] $\tan 30° = \dfrac{H}{L}$　∴ $H = L \cdot \tan 30° = 10 \times \dfrac{1}{\sqrt{3}}$

$= \dfrac{10 \times \sqrt{3}}{3} = \dfrac{10 \times 1.732}{3} = 5.773 \fallingdotseq 5.77$ m

重要 Point　特定な角度を記憶しよう！

$\theta = 45°$ の場合

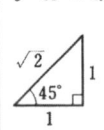

直角二等辺三角形
$\sin 45° = \cos 45° = \dfrac{1}{\sqrt{2}}$
$\tan 45° = \dfrac{1}{1} = 1$

$\theta = 30°$ の場合

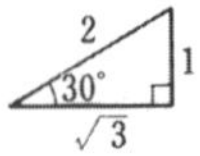

$\sin 30° = \dfrac{1}{2}$
$\cos 30° = \dfrac{\sqrt{3}}{2}$
$\tan 30° = \dfrac{1}{\sqrt{3}}$

$\theta = 60°$ の場合

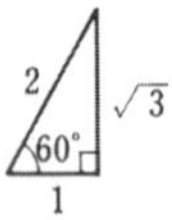

$\sin 60° = \dfrac{\sqrt{3}}{2}$
$\cos 60° = \dfrac{1}{2}$
$\tan 60° = \dfrac{\sqrt{3}}{1}$

$\theta = 30°$，60°の場合 ➡ 辺比 $= 1 : 2 : \sqrt{3}$ 最長は斜辺で 2，最短はどこ…？

定規のみで角度を表す

三平方の定理

直角三角形における三辺に関するピタゴラス（三平方）の定理は，古くから有名でよく用いられる重要な定理である．

$$a^2 + b^2 = c^2$$
$$\therefore\ c = \sqrt{a^2 + b^2}$$

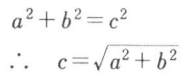

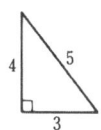

二辺がわかれば残りの辺は計算できる．また，三辺の比が $3:4:5$ をなす三角形は直角三角形であることは，古代より知られており，よく用いられてきた．

〔例 **1・2**〕野球の直角をなす二つのラインを 1 個の巻尺だけで引きたい場合，どのようにすればよいか．

〔解〕一人が巻尺の 0 m と 12 m を持ちホームベース上で押さえ，残りの二人が 3 m，8 m をそれぞれに持ち一塁側と三塁側で張って点を押さえると方向が定まる．

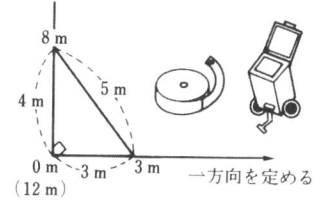

〔例 **1・3**〕川を挟んだ AD 間の距離を知るために，∠ADC が直角になる方向に $\overline{DC} = 16$ m となる C 点，また ∠ACB が直角になるように B 点を AD 線の延長上にとったら $\overline{BD} = 12$ m であった．AD 間の距離を求めよ．

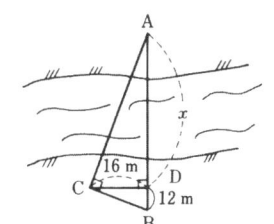

〔解〕直角三角形 → 三平方の定理を利用！

△ABC において
$$\overline{AB}^2 = \overline{AC}^2 + \overline{BC}^2 \qquad (1\cdot1)$$

ここで
$$\left.\begin{array}{l}\overline{AB} = x + \overline{BD} \\ \triangle ACD\ \text{において} \\ \overline{AC}^2 = x^2 + \overline{CD}^2 \\ \triangle BCD\ \text{において} \\ \overline{BC}^2 = \overline{BD}^2 + \overline{CD}^2\end{array}\right\} \qquad (1\cdot2)$$

式 $(1\cdot2)$ を式 $(1\cdot1)$ に代入すると
$$(x + \overline{BD})^2 = (x^2 + \overline{CD}^2) + (\overline{BD}^2 + \overline{CD}^2)$$
$$x^2 + 2x\cdot\overline{BD} + \overline{BD}^2 = x^2 + \overline{CD}^2 + \overline{BD}^2 + \overline{CD}^2$$
$$2x\cdot\overline{BD} = 2\overline{CD}^2$$
$$\therefore\ x = \frac{\overline{CD}^2}{\overline{BD}} = \frac{16^2}{12} \fallingdotseq 21.33\ \text{m}$$

重要 Point 次のルート開平の値を覚えよう！

ひと夜ひと夜に人見ごろ
$\sqrt{2} = 1.41421356\cdots$

人　なみにオゴレヤ
$\sqrt{3} = 1.7320508\cdots$

富士山麓オーム鳴く
$\sqrt{5} = 2.2360679\cdots$

1-4 地球の姿

4 地球は本当に丸いのか

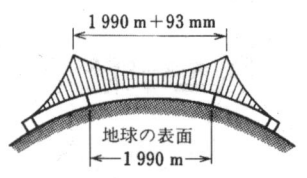

世界最長の吊り橋・明石大橋

頂部と基部の差＝93 mm
↓
地球は丸かった！

過去における地球観の変遷

現在では，「地球」という字が示すように我々の住む地球は球状をなし，太陽系の惑星として太陽の周りを公転していることはよく知られていることである．しかし，このことがわかるまでには長い歴史があった．

■ **古代の地球観（紀元前 18 世紀ごろ）**

古代バビロニアや古代ギリシャでは，円盤のような大地を海が取り囲み，天がおわんのようにかぶさっているものと考えていた．これは，見たままの考え方であった．

■ **アリストテレスの考え方**
　（紀元前 4 世紀ごろ）

沖に出る舟が地平線に消えていくことより「地球の形は丸い」と考えていた．

■ **コロンブスの時代**

この時代の人々は，海はどこまでも平らで，その端には滝があると考えていた．しかし，1492 年のコロンブスの航海，および 1522 年のマゼランの世界一周航海によって「地球が丸い」ことが証明された．

地球は本当に丸いのか

ニュートンの地球楕円体説

ニュートンは，地球の自転のために生じる遠心力がある以上，地球は完全な球ではなく，**回転楕円体**でなければならないと考えた．これが現在における地球像である．

この回転楕円体の大きさは各国で観測され，数種類の値がある．現在日本で使われているのは，世界各国が採用している GRS80 楕円体と呼ばれるもので，平成 14 年度よりベッセル楕円体に代わって使われるようになった．

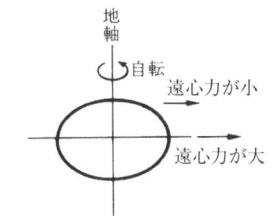

名　称	楕円体名	赤道(長)半径 a [km]	極(短)半径 b [km]	扁平率 $(a-b)/a$
日本測地系	ベッセル楕円体	6 377.397	6 356.079	1/299.15
日本測地系 2000（世界測地系）	GRS 80 楕円体	6 378.137	6 356.752	1/298.26

地球は正確に球なのか？ → 厳密には，南北に偏平な回転楕円体である．

$a - b ≒ 21$ km で地球の直径に比べて極小

↓

半径 $r = 6370$ km の球として測量
（大地測量，測地測量）

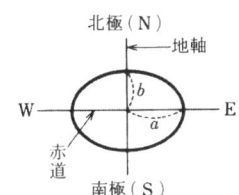

実際の地球表面は，凹凸のある複雑な形状をなしているので，地球表面全体を平均海水面で覆われた楕円体と仮想する．この仮想海水面を「ジオイド面」という．

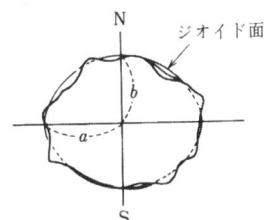

地球を平面として扱える小範囲な測量

↓

平面測量（半径約 10 km 以内）

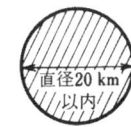

1-5 地球の測定

5 地球の大きさは？

人類初の地球の計測

紀元前3世紀中ごろ，エジプト人のエラトステネスによって，人類最初の地球の大きさの測定が行われた．それは，日照時間が最も長い夏至の正午に太陽光が深い井戸の底に届くのを見て，太陽光線が地球表面に対して垂直であることの発見より始まった．

夏至の正午に測定 → A点では，太陽光線が地表面に対して垂直（光が深い井戸の底に届くことより発見）→ B点で太陽の頂点角 θ を測定（垂直に立てた棒の影の長さから測定）→ θ はAB間の弧 l の中心角 θ に等しい．

A：エジプト南部のアスワン
B：エジプト北部のアレキサンドリア

図 1・4

■ $\theta = 7.2° = 360°/50$ と測定

360°：地球の円周 = $\theta : l$

$$l = \frac{地球の円周}{360°} \times \theta = \frac{地球の円周}{360°} \times \frac{360°}{50} \quad (1・3)$$

すなわち，AB間の距離 l は，地球の円周の 1/50 となる．そこで，AB間の距離をラクダによって $l = 900$ km と測定した．

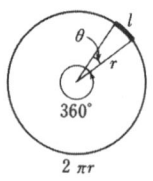

式 (1・3) より，地球の円周 $2\pi r = 50l = 50 \times 900$ km $= 45\,000$ km．ゆえに，**地球の半径 $r = 45\,000$ km$/2\pi = 7162$ km** と求めた．

この考え方は，以後における地球の測定方法の基本的な考え方として現在に至っている．現在では，地球半径 ≒ 6370 km として測量されているので，紀元前においての測定としてはかなりの精度であり脱帽させられる．

地球の大きさは？

地球を日本で初めて測った男

　地球の大きさを日本で初めて知ろうとした男，それが伊能忠敬である．

　「地球は丸い」ということは，織田信長の安土・桃山時代に西洋より日本に伝えられていた．しかし，江戸時代でも「地球の大きさ」を知る人間は日本には一人としていなかった．

「地球の大きさを知る」という壮大な夢を秘めて日本測量を行った男

↓

伊能忠敬

↓

忠敬の最大の関心は，地球の大きさを計算することであった

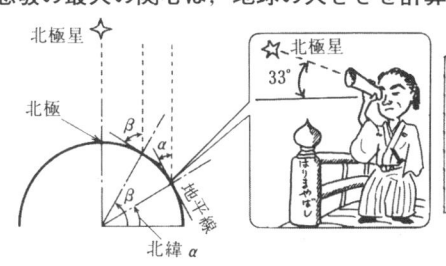

図1・5　北緯 $\alpha = 33°$ の場所

　忠敬は，**地球の大きさを知るために**，昼は測量を行いながら夜は各地で北極星の観測を行った．

■ 忠敬の考えた**緯度1°の距離**，および地球の大きさの割出し方

ニシベツから南に江戸と同じ緯度まで直線を引く．

北緯（43°-36°）= 7°差

↓

直線は緯度7°分の距離に相当する．

緯度1°の距離 = 110.85km

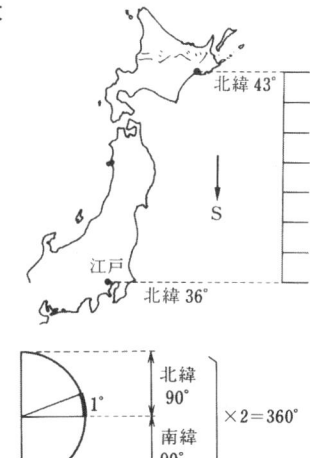

緯度1°の距離 × 360 = 地球の円周

地球の大きさ = 39 906 km ≒ 40 000 km

（当時の西洋の水準に劣らない正確さ）

1章のまとめ

　測量の歴史を振り返ってみると，土地利用は測量技術を要求し，測量技術は土地利用を可能にしてきたといえる．土木工学の，そして現代文明の基礎技術である測量の有する社会的意義は，今後とも極めて大きいものとなるだろう．

【測量技術の発展史の中で特に重要なもの】
(1) 三角測量の実施
　スネリウス（Snellius：オランダ人）によって1617年に考案．
　このころまではトラバース測量が主流であったが，三角測量の方法の確立によって近代測量の基礎が築かれ，測量の新領域が開拓された．
(2) 誤差論（最小二乗法）の考案
　ガウス（Gauss：ドイツ人）によって1795年に考案．
　最小二乗法の応用によって測量技術の基礎が築かれ，測量の誤差が理論的に処理されるようになり，特に三角測量の精密化に大きな役割を果たした．
(3) 近世における光学機器の発展による測量機器の精巧化
　測量学の体系がよりいっそう明確になってきた．

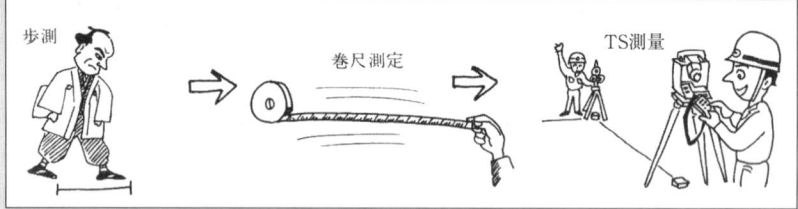

(4) 航空写真測量の発達
　第一次世界大戦以後（1914年～）から特に進歩が著しい．電子技術の発展とともにこれからさらに飛躍していくだろう．

　日本の測量は鉄道建設の技術によって先陣をきり，現在は世界に誇る測量技術国へと発展してきた．電子技術の発展によって，さらに新時代に移ろうとしている．

測量の基礎

2章

『母なる地球へ，高知からのメッセージ』
→
【地球33番地】

地球33番地標示塔（高知市弥生町）

2-1 地球上の位置

1
土佐の高知は"龍馬"だけではないぜよ

地球上の位置の表し方

実際の地球は,「**4 地球の姿(p.13)**」にて述べたように,赤道方向に長い回転だ円体である.この地球上の点の位置の表し方には,次の二通りがある.

地上点の位置の表し方 $\begin{cases} 球体と考えた場合→(1) 緯度と経度による方法 \\ 平面と考えた場合→(2) 平面直角座標法（測地座標法）\end{cases}$

■ **緯度と経度による位置の表し方** （地球の広い範囲について考える場合）

$\begin{cases} N (North) : 北 \\ S (South) : 南 \\ E (East)\ \ : 東 \\ W (West)\ : 西 \end{cases}$

緯　度：赤道を基準とする（**図 2・2**）.
$\begin{cases} 上→北緯90°まで \\ 下→南緯90°まで \end{cases}$

経　度：グリニッジ天文台（イギリス）を0°として基準とする（**図 2・3**）.

グリニッジ天文台 $\begin{cases} 緯度：北緯 \rho' = 51°28'38'' \\ 経度：\lambda = 0° \end{cases}$

高知市 $\begin{cases} 緯度：北緯 \rho = 33°33'33'' \\ 経度：東経 \lambda = 133°33'33'' \end{cases}$

$\begin{cases} 東→東経180°まで \\ 西→西経180°まで \end{cases}$

赤　道：地軸の中心に直交する平面と地表面との交線

子午線：地軸を含む面との交線

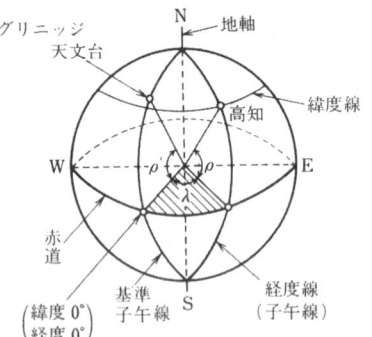

図 2・1

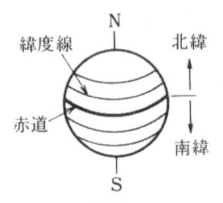

図 2・2

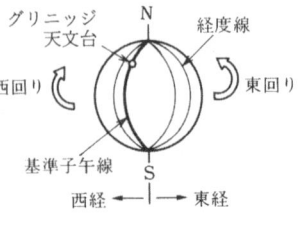

図 2・3

土佐の高知は"龍馬"だけではないぜよ

■ 平面直角座標による位置の表し方（比較的に小地域の場合）

日本全国を図2・4のように19の区域に分割し、それぞれの原点を通る平面直角座標系の座標値で地球上の位置を表す。

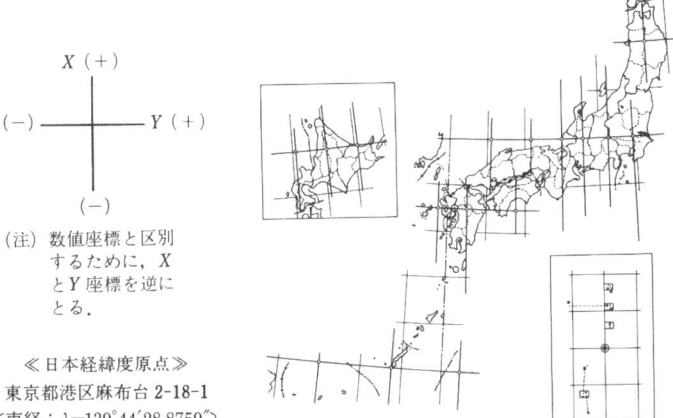

(注) 数値座標と区別するために、XとY座標を逆にとる。

≪日本経緯度原点≫
東京都港区麻布台2-18-1
$\begin{bmatrix} 東経：\lambda = 139°44'28.8759'' \\ 北緯：\rho = 35°39'29.1572'' \end{bmatrix}$

図2・4　日本平面直角座標系

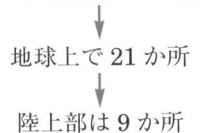

高知じまん
「地球33番地」

土佐の高知のお国自慢の中で、今や絶大な人気を誇る明治維新の英雄「坂本龍馬」以上に希少価値があるものが「地球33番地」である。

【地球33番地】

東経 $133°33'33''$
北緯 $33°33'33''$ 〉「3」が12個も並ぶ地点

度、分、秒の同じ数字が12個も並ぶ地点

地球上で21か所

陸上部は9か所

大半は砂漠や平原などに位置している。

高知市南金田：江ノ口川北岸
図2・5

「地球33番地」のように、街の中にあるのは珍しい。

日本測地系での地球33番地は、モニュメント（図2・5）の後側の「江ノ口川の中」であったが、楕円体の変更により現在の日本測地系2000での地球33番地は南東へ約450m離れた位置になっている。

2 聖人君子ではおもしろくない

2-2 測量の誤差

誤差の種類

人が器械を用いて測定する限り,「誤差」は付き物である.「この許される範囲の誤差（許容誤差）をいかに少なくするか！」ということが太古より未来にわたっての永遠のテーマであろう.

■ 原因による分類
① 器械的誤差：測定用具の誤差によって生じる.
② 自然的誤差：温度・湿度などの気象変化によって生じる.
③ 個人的誤差：測定者の個人差によって生じる.
④ 錯誤（過失）：測定者の不注意・未熟によって生じる（一般的には誤差とは考えない）.

■ 性質による分類
① 定誤差（定差, 累積誤差）：測定条件が同一であれば, 一定の誤差がでる（符号の大きさに規則性がある）. 除去可能な誤差で補正できる.
② 偶然誤差（偶差, 消しあい誤差）：同一条件で測定しても除去できない誤差で偶然に生じる. 測定値がばらつく.

　　一つの測定値で生じる偶然誤差 $= \pm x$ 〔mm〕
　　　　　　　↓
　　n 個の測定値における偶然誤差 $= \pm x\sqrt{n}$ 〔mm〕
　　（測定回数 n の平方根に比例する）

〔例 2・1〕270 m の 2 点間距離を 30 m 巻尺で測定した場合の偶然誤差を求めよ. ただし, ±2.0 mm の偶然誤差が生じた 30 m 巻尺を使用したものとする.

〔解〕偶然誤差 $= \pm x\sqrt{n} = \pm 2.0\sqrt{\dfrac{270}{30}} = \pm 6.0$ mm

聖人君子ではおもしろくない

誤差の処理方法

■ 偶然誤差だけを含む場合の最確値の求め方

同一距離を何度測定してもわずかではあるが違う！
↓
測定における誤差はつきもの…
↓
測量において真の値を求めることは不可能！
↓
数多くの測定をして平均値をとる
↓
最確値：限りなく真値に近い値

(1) 測定条件（使用器具，測定方法など）が同じ場合

算術平均値をとる（高い精度を必要としない場合は，これで十分である）．

〔例2・2〕 ある2点間を同一条件で5回測った場合の最確値（M_0）を求めよ．
5回の測定値： 80.52 m， 80.49 m， 80.51 m， 80.50 m， 80.48 m

〔解〕 $M_0 = \dfrac{80.52 + 80.49 + 80.51 + 80.50 + 80.48}{5} = 80.50$ m

(2) 測定条件が異なる場合

重み付き平均値をとる．

例えば，布巻尺と鋼巻尺など使用器具が違うときや熟練者と未熟者が測定したときなど測定条件が異なる場合には，測定値の信用度を示す**軽重率（重み）**を考慮する．

最終値 $M_0 = \dfrac{p_1 l_1 + p_2 l_2 + \cdots + p_n l_n}{p_1 + p_2 + \cdots + p_n} = \dfrac{\sum p_n l_n}{\sum p_n}$

ただし，$p_1, p_2, \cdots, p_n$：軽重率　　$l_1, l_2, \cdots, l_n$：測定値　　$\sum$：総和

〔例2・3〕 ある2点間を3人が何回か測定した場合の最確値 M_0 を求めよ．
A：200.25 m（2回），B：200.12 m（4回），C：200.15（3回）

〔解〕 軽重率は測定回数に比例する．

$M_0 = \dfrac{p_1 l_1 + p_2 l_2 + p_3 l_3}{p_1 + p_2 + p_3} = \dfrac{2 \times 200.25 + 4 \times 200.12 + 3 \times 200.15}{2 + 4 + 3} = 200.16$ m

精度については，p.52を参照．

3 誰が世界一のランナーか

2-3 距離とは

距離にもいろいろ

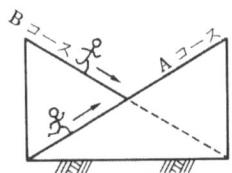

〔例 2・4〕同タイムのランナーが同距離の二つのコースを交互に2回競争したら，いつも1勝1敗になるのはどうしてだろうか．

〔解〕Aコースは上り，Bコースは下りで，同距離であっても条件が違うからである．

すなわち，この場合の距離は起伏のある場合である．

このように，距離といえば水平距離と考えがちであるが，距離にもいろいろとあることに注意すべきである．

距離の定義

距離とは2点間を結ぶ直線の長さをいう．

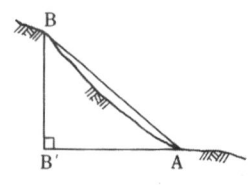

$$距離 \begin{cases} 斜距離（AB）\\ 水平距離（AB'）\\ 鉛直距離（高低差：BB'）\end{cases} 三つに大別$$

測量における **2点間の距離** → **水平距離**をいう．

$$距離測量 \begin{cases} 器具を用いる方法：巻尺，ポール etc \\ 器械を用いる方法：光波測距儀 etc \end{cases}$$

巻尺の種類

■ 求められる精度に応じて使用器具を使い分けよう

① 繊維製巻尺：ガラス繊維と塩化ビニルで作られた巻尺で，簡単で高い精度を必要としない距離測定によく用いる（図 2・6）．

　長所：持運びや取扱いが簡単．

　短所：伸縮の補正ができないので精密な測量には適さない．

② 鋼巻尺（スチールテープ）：鋼鉄製巻尺をいい，精密な距離測定に用いる（図 2・7）．

長所：測定時における温度補正などをすると高い精度が得られる．
短所：・温度変化による伸縮がかなり大きい．
　　　・さびやすく折れやすい．
　　　・取扱いに注意しないと手を傷つけやすい．

③　インバール巻尺：インバールとはニッケルと鉄の合金で，特に精密を要する距離測定に用いる（三角測量における基線測定 etc）（**図 2・8**）．
　　長所：温度変化や張力による伸縮が非常に小さい．
　　短所：弾力性に乏しいので折れやすい．

 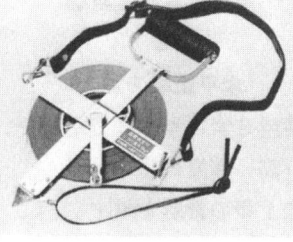 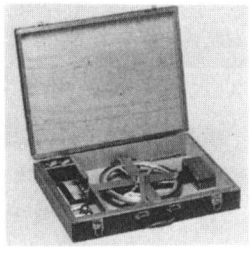

　　図2・6　　　　　　　図2・7　　　　　　　図2・8

④　その他
・ポ　ー　ル：主に測点や方向を示す場合に用いる．20 cm ごとに赤白に塗り分けてある（**図 2・9**）．
・下げ振り：糸の先におもりを付けたもので鉛直方向を示す（**図 2・10**）．
・ピンポール：測点を明示する（**図 2・11**）．

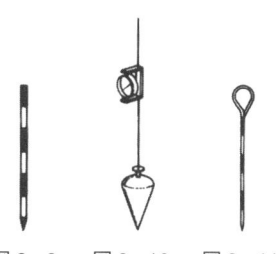

図2・9　　図2・10　　図2・11

2-4 平たん地の距離測量

4 歩幅にて距離を測る

> 歩測による方法

測量における距離
↓
水平距離の測定

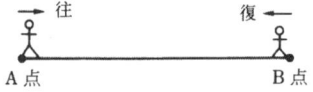

　歩測方法は，器具を使用せずに歩幅にて距離を測ることであり，あまり高い精度は望めない．

① 自然に歩く場合の1歩の距離を測っておく．
　　1歩 = 0.70 m
② 測点Aから測点Bまでの歩数を数える……64歩数
③ 測点Bから測点Aまでの歩数を数える……65歩数
④ 平均歩数 = (64歩 + 65歩)/2 = 64.5歩
⑤ 歩測による **AB**間の距離 = 64.5歩 × 0.70 m/歩
　　　　　　　　　　　　　　= **45.15 m**

⑥ 巻尺でAB間の距離を測定して，歩測による距離と比較してみよう．
歩測も熟練すれば，まずまずの値が望める．
　現実には，巻尺などのなかった江戸時代末期の伊能忠敬は，この歩測によって非常に正確な日本地図（伊能図）を作り上げた．
　忠敬の歩幅 ≒ 69 cm といわれている．

> 巻尺による距離測量

　　　　　　　　直接距離測量とは巻尺とポールなどを用いての距離測量をいう．歩測・測線の延長なども含まれる．

■ 1測長より短い場合

1測長：巻尺の長さ（30 m巻尺，50 m巻尺，100 m巻尺 etc）
　巻尺を用いて簡単に測定できるが，地盤に凹凸がある場合は高い所に合わせて水平にしっかりと張って測定することに注意する．

歩幅にて距離を測る

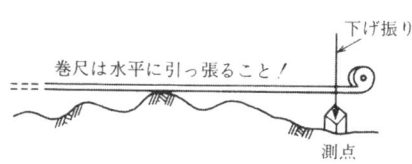

最小 3 人は必要

・記帳手：１測量結果を記帳する者
・前　手：巻尺の前方を持つ者
・後　手：巻尺の後方を持つ者
　　50m 巻尺を使用

後手　　　　　　　前手
A点　　　　　　　B点

初読	終読	測定長
0.00 m	45.83 m →	45.83 m
0.10 m	45.97 m →	45.87 m
0.20 m	46.05 m →	45.85 m

（注）巻尺の始端（後手）は，テープ誤差を除くために零目盛り付近でずらす．

　　　測定長＝終読－初読

$$平均値（最確値）＝測定長＝\frac{45.83+45.87+45.85}{3}＝45.85\,\mathrm{m}$$

■ 1 測長より長い場合

測線上に中間点 (1, 2, …) を設ける（p.27 の「測線の見通し」の項を参照）．
往 L_1，復 L_2 の測定を行って，平均値をとり測定長 L とする．

　　　AB 間の距離 ＝ $l_1 + l_2 + l_3$

$$L = \frac{L_1 + L_2}{2}$$

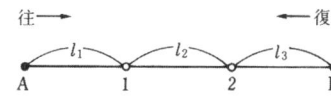

2-5 傾斜地の距離測量

5 面積は水平距離にて

傾斜地の距離測量

地図はすべて平面図である．したがって，面積は水平距離で求めなければならない．

距離 → 水平距離

■ 巻尺を用いて階段状に測定する方法

これには降測（**図 2・12**）と登測（**図 2・13**）がある．

AB 間の水平距離 $L = l_1 + l_2 + l_3$

一般的に，降測のほうが登測より精度が高い．

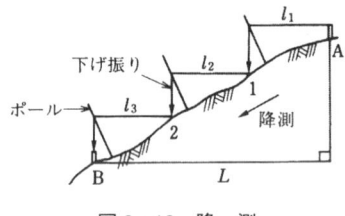

図 2・12 降 測

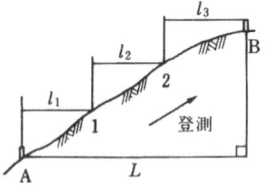

図 2・13 登 測

■ 換算による方法

図 2・14 のように傾斜がほぼ一様な場合に用いる．

間接距離測量：斜距離を測定して水平距離に換算する測量．光波測距儀（p.28）も含まれる．

斜距離 l，傾斜角 α の測定

$$\cos\alpha = \frac{L}{l} \quad \text{より} \quad 水平距離\ \boldsymbol{L = l \cdot \cos\alpha}$$

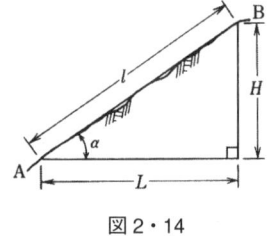

図 2・14

〔**例 2・5**〕 図 2・14 において，斜距離 $l = 100.00\,\text{m}$，傾斜角 $\alpha = 30°$ の場合の水平距離 L を求めよ．

〔解〕 $L = l \cdot \cos\alpha = 100.00 \times \cos 30° = 100.00 \times 0.8660 = 86.60\,\text{m}$

面積は水平距離にて

測線の見通し

A点　　　　　B点

50 m 巻尺では足りないぞ～！
困った……？

■ 中間点を定める場合

使用器具：ポール3本，巻尺1個　　必要人数：3～4人

測点間が1測長（巻尺の長さ）より長い場合に用いる．

① 測点A，Bで互いに向かい合ってポールを体の中央で垂直に立てる．
② 測点A，Bのほぼ見通し線上のO点にポールを立てる．
③ 測点Aの者は，測点Bのポールのできるだけ下部を見通し，O点に立てたポールを手の動きによって測点A，Bの見通し線上に入れて，中間点Oを定める．
④ 巻尺を用いてAO間，OB間を測定する．
⑤ AB間の距離 = $\overline{AO}$ + $\overline{OB}$

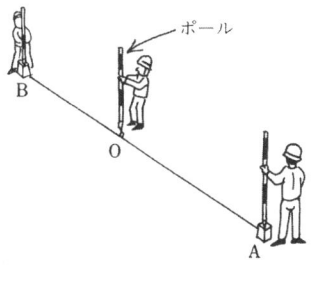

図2・15

■ 測線を延長する場合

測線の延長線上に新しい測点を設けたい場合に用いる．

① 見通しのじゃまにならないように，測点A，Bでポールを垂直に立てる．
② 測点A，Bの見通し線上のS点にポールを体の中央で垂直に立てる．
③ 見通しをする者の手の合図によって延長点Sを定める．このとき，できるだけポールの下部を見通すようにする．

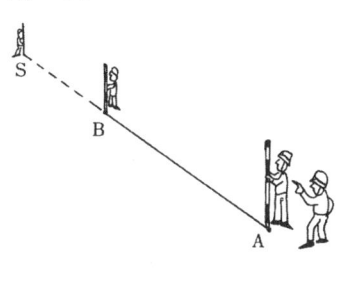

図2・16

2-6 光波測距儀

6 巻尺なしの距離測量

巻尺なんて古い!!

光波測距儀による距離測定

■ 電磁波測距儀 ｛ 光波測距儀：光波を用いて距離を測定する器械
電波測距儀：電波を用いたもの

便利で精度が高く，急速に普及しつつある．

■ 光波測距儀　一定の光波を往復させ，波数と位相差から距離を求める器械．

図2・17　光波測距儀（主局）　　図2・18　反射鏡（従局）

〔例2・6〕　図2・19において，往復の波数 $n = 30$，1波長 $\lambda = 10\,\text{m}$，入反射光波の位相差 $d = \lambda/4$ とする．

この場合のAB間の距離 L は

往復 $2L = n\lambda + d = n\lambda + \dfrac{\lambda}{4}$

$ = 30 \times 10\,\text{m} + \dfrac{10}{4}$

$ = 302.5\,\text{m}$

∴ $L = \dfrac{302.5}{2} = 151.25\,\text{m}$

一般式 $L = \dfrac{1}{2}(n\lambda + d)$ 　　(2・1)

一人でもO.K

図2・19

巻尺なしの距離測量

光波測距儀の距離測定に対する補正

光 $\begin{cases} 真空中……速度一定 \\ 大気中……速度が遅くなる \end{cases}$

（温度・気圧・湿度などの影響で屈折）

↓

気象補正が必要！

■ 気象補正

① 気温 1℃ の変化 　　　　　　　　
② 気圧 3 mmHg の変化 $\Bigg\} \to \dfrac{1}{100万} = \dfrac{1}{10^6}$ の距離変化

③ 湿度 1 mmHg の変化 　$\to \dfrac{0.05}{100万} \to$ 一般的には省略

測定距離への影響順位　①温度 ➡ ②気圧 ➡ ③湿度（無視）

■ 光波測距儀を用いた場合の正しい2点間の距離

真の距離 ＝ 測定距離 ＋ 気象補正 ＋ 器械定数 ＋ 反射鏡定数

　　　　　　　　↑　　　　　　　　↑
　　　　　測定距離に比例　　測定距離に無関係

器械定数，反射鏡定数……測距儀，反射鏡それぞれ固有の誤差
　　　　　　　　　ゆえに，測定長の大小には無関係である．

Coffee Break

電波測距儀の使用では，電波管理法に関する有資格者が2人必要である．それに対して，光波測距儀では，資格不要で反射鏡をあらかじめ設置しておけば1人ですむ．また，取扱いも便利であり精度も高いので，これからもますます普及していくであろう．

（注）光波測距儀は斜距離を測定しているのであるから，鉛直角を測定して水平距離に換算しなければならない（**5**〔例 **2・5**〕(p.26) を参照）．

しかし，将来的には水平距離に換算できる機能を備えたものが普及していくだろう．

2-7 距離測量の誤差

7
ホコリは
できるだけ
除こう

ゲーテ, いわく…

努力する限り,
人は誤りをおかす…！

誤差の種類とその補正

■ 器械誤差

測定器具（巻尺など）が正しくないために生じる誤差．

尺定数 Δl ＝正しい長さ－使用巻尺の長さ

1測長に対しての伸び縮みを表す．

【巻尺の伸縮と補正の関係】

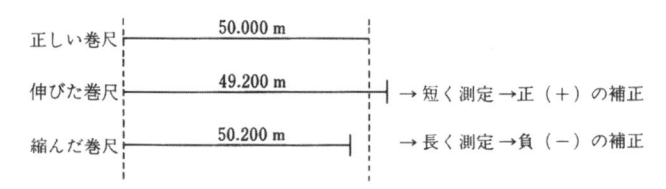

```
正しい巻尺  |――― 50.000 m ―――|
伸びた巻尺  |――― 49.200 m ――|     →短く測定→正（＋）の補正
縮んだ巻尺  |――― 50.200 m ―――--| →長く測定→負（－）の補正
```

伸び（＋）→（＋）補正
縮み（－）→（－）補正 ｝伸び・縮みの符号と同じ！

尺定数補正量 $C_l = \pm \dfrac{\Delta l}{l} L$ 　 $\dfrac{\Delta l}{l}$ ：1m当たりの補正量

l：巻尺の長さ　　L：測定長

〔例 2・7〕 標準長より 5 cm 短い 50 m の繊維巻尺を用いて測った 2 km の標準長を求めよ．

（考え方）　標準長＝正しい長さ L_0

　　使用巻尺は縮み（－）→ 補正は（－）

ゆえに，尺定数は

　　$50\,\text{m} - 5\,\text{cm}$ → $L_0 = L - C_l$

　　常に単位の統一に注意しよう！（この場合は，m単位に統一！）

〔解〕　$L_0 = L - \dfrac{\Delta l}{l} L = 2\,000\,\text{m} - \dfrac{0.05\,\text{m}}{50\,\text{m}} \times 2\,000\,\text{m} = 1\,998.000\,\text{m}$

ホコリはできるだけ除こう

■ 自然誤差

気温・湿度などの気象変化によって生じる誤差.

$$C_t = \alpha(t - t_0)L$$

α：線膨張係数　t：測定時の温度　　t_0：標準温度（15℃）

温度が上がると伸びるのだ〜！

（注）α は＋ゆえ，C_t は $(t - t_0)$ の符号に従う！

$$\begin{cases}(t - t_0) > 0 \rightarrow (+) \\ (t - t_0) < 0 \rightarrow (-)\end{cases}$$

〔例2・8〕鋼巻尺を用いて200 m の距離を得た場合，温度補正をした正しい距離を求めよ. ただし，この鋼巻尺の線膨張係数は＋0.000012/℃，測定時の温度10℃，標準温度15℃とする.

〔解〕温度補正量 $C_t = \alpha(t - t_0)L = 0.000012 \times (10 - 15) \times 200 = -0.012$ m

∴　正しい距離 $L_0 = L + C_t = 200 - 0.012 = 199.988$ m

■ 個人誤差

測定者の個人差によって生じる誤差.

往復測定において，前後手を交替するなどで少なくしていく.

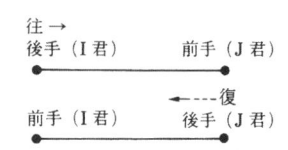

```
        往 →
後手（I君）        前手（J君）
                  ←---- 復
前手（I君）        後手（J君）
```

■ 錯誤（過失）

測定者の不注意・未熟さによって生じる誤差.

十分な注意と繰返しの測定によって除くように努める. 一般的には，誤差とは考えない.

〔例2・9〕尺定数50 m ＋ 5 mm（15℃）の鋼巻尺を用いて，150.000 m の測定距離 L を得た. 尺定数補正 C_l，および温度補正 C_t をして得られる正しい距離 L_0 を求めよ. ただし，測定時の温度は20℃，線膨張係数 α ＝＋0.000012/℃とする.

〔解〕使用巻尺は伸び（＋）→ 補正は（＋）

尺定数補正量 $C_l = \dfrac{\Delta l}{l}L = \dfrac{0.005}{50} \times 150.000 = 0.015$ m

温度補正量 $C_t = \alpha(t - t_0)L = 0.000012 \times (20 - 15) \times 150.000 = 0.009$ m

∴　正しい距離 $L_0 = L + C_l + C_t = 150.000 + 0.015 + 0.009 = 150.024$ m

2-8 距離測量による平面図

8 巻尺だけで平面図を描いてみよう

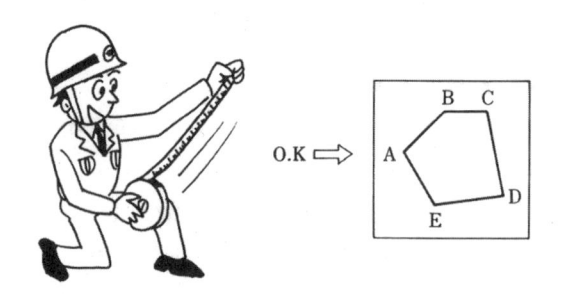

つなぎ線法による骨組図の作成

精密な平面図作成は，トラバース測量（pp.74〜74）や平板測量（pp.80〜83）に譲るとして，ここでは巻尺だけを使用して平面図を作成してみよう．

図形の基本形で最も簡単な三角形の骨組図の作成を行ってみよう．

■ **外　業**　野帳に骨組のスケッチと測定値を記入する．

① 測線 AB，BC に沿ってそれぞれ巻尺を張る．
② 測線 AB の延長線上と測線 BC 線上に区切りのよい長さ 5.00 m をそれぞれおさえ，bc の長さ 6.40 m を測定する．→ 外側のつなぎ線
③ 続いて測線 BC の巻尺はそのまま張っておき，CA 測線に沿って巻尺を張る．
④ 測線 BC，CA の内側に適当な長さ 7.00 m でおさえ，ca の長さ 9.65 m を測る．→ 内側のつなぎ線
⑤ 測点 A においても同様な測定をする．
⑥ 同時に各測線長 l_1，l_2，l_3 も測定しておく．

図 2・20

■ **内　業**　野帳をもとにして骨組の作図をする．

① 図面上に点 A と測線 AB の方向を定める．
② 測線 AB 線上にある縮尺にて l_1 の距離を取り B 点を定める．
③ コンパスを用いて測線 BC の方向を定め，同じ縮尺にて l_2 を取り C 点を定める．
④ 同様に測線 CA と A 点を定めていく．
（点検）測線の最終点が出発点 A と一致すればよい．

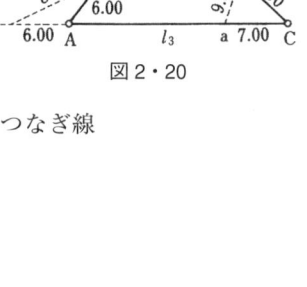

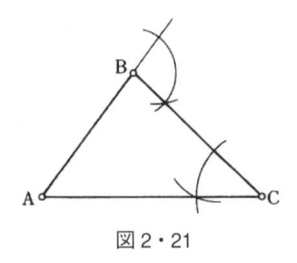

図 2・21

巻尺だけで平面図を描いてみよう

オフセット測量による細部測量図の作成

オフセット（支距）測量とは，巻尺のみで地物の位置を決める細部測量の一方法である．

■ **直角オフセット** → 建物の角 a の位置を定めてみる．
① 巻尺の零目盛りを A 点に合わせ，測線 AC に沿って張る．
② 別の巻尺で a 点で零目盛りに合わせ，測線 AC 上に張った巻尺に沿って動かし，最小の読みを aa′ とする．同時に，Aa′ も測定して a 点を図上に求める．

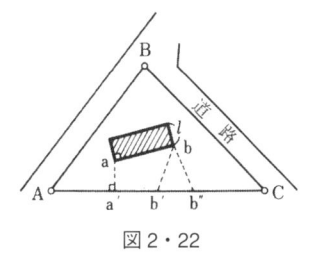

図 2・22

■ **三角（斜め）オフセット** → この方法で，建物の角 b を定めてみる．
① 直角オフセットと同様に，測線 AC に沿って巻尺を張る．
② 測点 b で零目盛りに合わせ，測線 AC 上の区切りのよい点を b′ とし，Ab′ と bb′ を測定する．
③ 同様にして，Ab″ と bb″ を測定する．
④ 内業作業にて，コンパスを用いて交点 b を図面上にとる．

a 点，b 点が定まると，建築物の角は，一般的に直角となっているので，奥行き l を測定すれば図面が描ける（家まき法）．

（注）トラバース測量や平板測量と比べたら，精度面ではかなり劣るが巻尺のみでもこのように簡単に平面図が描ける．

重要 Point 用語の説明

測点：距離・角などを測定するときに基準となる点
測線：測点と測点を結ぶ線分
野帳：現地での測量結果を記入するノート
外業：野外で行う測定作業
内業：外業結果に基づいて図面を作る作業
骨組測量：各測点を結び付けて得られた骨組を用いての測量
細部測量：必要な地物を図面上に表すための測量

用語をまず覚えよう

2-9 角度とは

9
傾きは
縦に対する
横の比で表す

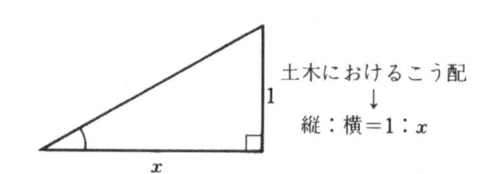

土木におけるこう配
↓
縦：横 = 1 : x

角度の単位

角度は，日常的な必要性が強く，角度の概念は紀元前2千年にもさかのぼるといわれている．

日本における古墳中期（5世紀ごろ）時代の角度の求め方は，三角形における底辺と高さより求めた．

角の測定方法 { (1) 度分法（60分法）……度 〔°〕単位
(2) 弧度法（ラジアン法）……ラジアン〔rad〕単位

■ 度分法

$$1 度 (1°) = 直角の \frac{1}{90} \qquad 1 分 (1') = \frac{1°}{60} \qquad 1 秒 (1'') = \frac{1'}{60}$$

46°15′18″のように書き表す．1直角 = 90°，4直角 = 360°

■ 弧度法

$$中心角 \theta = \frac{弧長 l}{半径 r} \qquad (2 \cdot 2)$$

$l = r$ のときに，1ラジアン〔rad〕という．

■ 度分法と弧度法との関係

円周 = $2\pi r$ ゆえ，比例関係より

$$\frac{1 ラジアン}{360} = \frac{r}{2\pi r}$$

$$1 ラジアン = \frac{r}{2\pi r} \times 360° = \frac{360°}{2\pi} = \boldsymbol{\frac{180°}{\pi}} \qquad (2 \cdot 3)$$

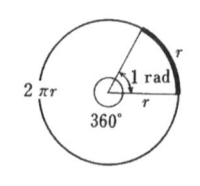

測量では，1ラジアンの角度の大きさを ρ で表す．

$\rho° = 180°/\pi = 57.295780° ≒ 57°17'45''$ ←1ラジアンを度で表す係数
$\rho' = (180 \times 60)'/\pi ≒ 3438'$ ←1ラジアンを分で表す係数
$\rho'' = (180 \times 60 \times 60)''/\pi ≒ 206265''$ ←1ラジアンを秒で表す係数

傾きは縦に対する横の比で表す

角度の換算

■ 度分法から弧度法への換算（度 → ラジアン）

式 (2・3) より 1 ラジアン $= 180°/\pi$　　$1° = \pi/180$ ラジアン

$$\alpha° = \alpha \times \frac{\pi}{180} \text{ ラジアン} \qquad (2・4)$$

「°」から「rad」への換算
$\frac{\pi}{180}$ を掛ける！

〔例 2・10〕 度分法における $\alpha = 46°15'18''$ を弧度法の値に換算せよ．

〔解〕 まず，α を度〔°〕にそろえる．
 $\alpha = 46°15'18'' = 46.2550°$
 ∴ $46.2550° = 46.2550 \times \frac{\pi}{180} ≒ 0.8073$ ラジアン

■ 弧度法から度分法への換算（ラジアン → 度）

$$1 \text{ ラジアン} = \frac{180°}{\pi} \rightarrow \theta \text{〔rad〕} = \theta \times \frac{180°}{\pi}$$

「rad」から「°」への換算
$\frac{180°}{\pi}$ を掛ける！

(2・5)

〔例 2・11〕 弧度法における $\theta = 0.8073$ ラジアンを度分法に換算せよ．

〔解〕 0.8073 ラジアン $\times \frac{180°}{\pi} ≒ 46.2549° ≒ 46°15'18''$

角度の取り方

測量と数学では，象限の取り方が逆になる．

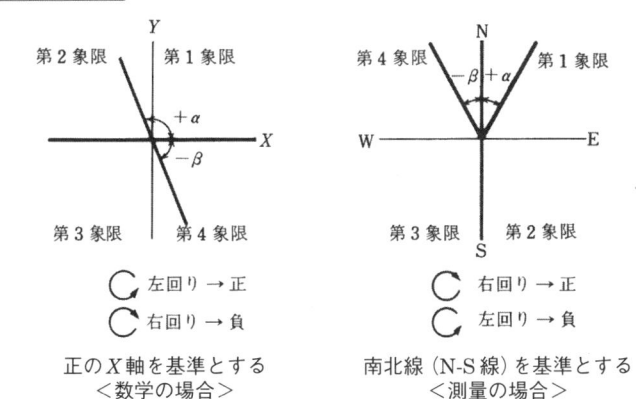

左回り → 正
右回り → 負

正の X 軸を基準とする
＜数学の場合＞

右回り → 正
左回り → 負

南北線（N-S 線）を基準とする
＜測量の場合＞

2-10 測角器具

10 機能を熟知すれば百戦も危うからず

角度の種類

測角すべき角度には，**水平角**と**鉛直角**がある．

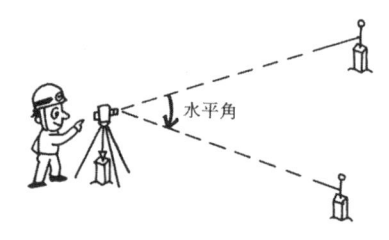

図2・23 水平角

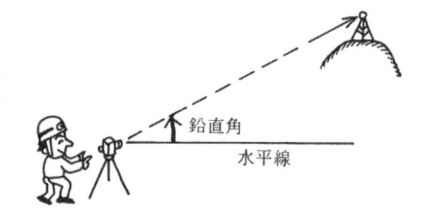

図2・24 鉛直角（垂直角，高低角）

測角器具

角度の測定には電子セオドライトが使われている．器械を据付け，目標物を視準すると，液晶表示盤に水平角・鉛直角が表示されるので，簡単に観測を行うことができる．

電子セオドライト ─┬─ 上部構造 ──────┬─ 上盤（望遠鏡など）
　　　　　　　　　　 （測角をするための部分） └─ 下盤（水平目盛盤）
　　　　　　　　　└─ 下部構造 ────── 整準ねじで水平にする
　　　　　　　　　　 （器械を水平にする部分）

＊下盤が鉛直軸を中心に回転：複軸型セオドライト
　下盤が鉛直軸に固定：　　　単軸型セオドライト

機能を熟知すれば百戦も危うからず

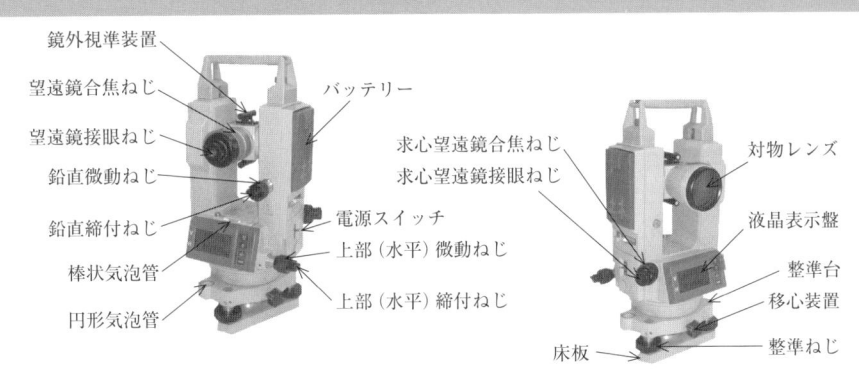

図2・25　単軸型電子セオドライトの各部名称

角度の読取り

・鉛直角　V（Vertical angle）
・水平角　H（Horizontal angle）

電子セオドライトでは器械設定で水平角の右回り・左回り測定（角度の増える方向）を選択できるようになっており，器械を回す方向に関係なく設定した方向での水平角を求めることができる．一般には右回り測定を行う．

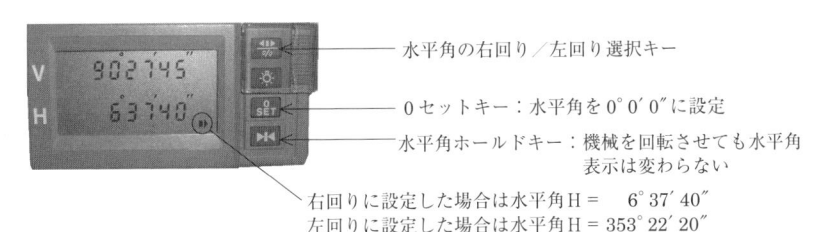

- 水平角の右回り／左回り選択キー
- 0セットキー：水平角を0°0′0″に設定
- 水平角ホールドキー：機械を回転させても水平角表示は変わらない

右回りに設定した場合は水平角 H ＝　　6°37′40″
左回りに設定した場合は水平角 H ＝ 353°22′20″

図2・26　液晶表示盤

電子セオドライトの据付け

「据付け」と「視準」は測角の基礎である．据付けは，早く・正しくを心掛けよう．

■ 三脚の据付け（図2・27）

① できるだけ水平に据える．
② 下げ振りが測点中心より 1 cm 以内になるようにする．

■ 電子セオドライトの取付け（図2・28）

目の高さより少し低めに望遠鏡がくるようにする．

図2・27　三脚の据付け

図2・28　電子セオドライトの取付け

2-10 測角器具

■ 整 準

器械を正しく水平にする操作 ➡ 気泡を中央に入れる．

【平盤気泡が2個の場合】

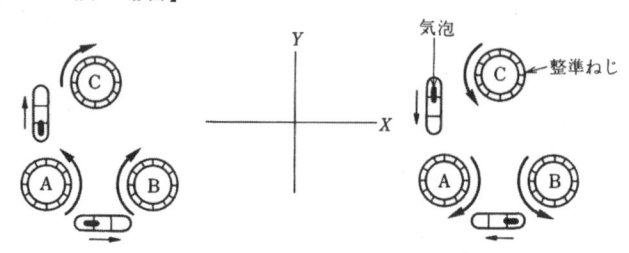

図2・29　平盤気泡が2個の場合

左手親指の法則 ➡ **左手親指**の動く方向に気泡が動く．

① 整準ねじA，Bの二つを使って「内巻」か「外巻」によって気泡を中央に導く（X軸方向の整準）．

② 整準ねじCは左手だけを使って，直角方向の気泡を中央に導く（Y軸方向の整準）．

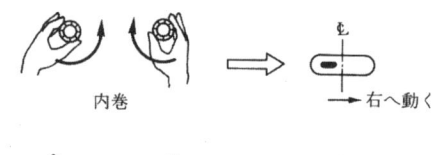

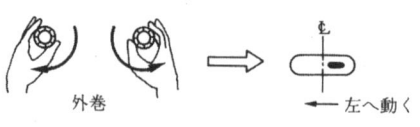

図2・30

■ 求 心

電子セオドライトの鉛直軸と測点くいの中心とを合致させること．

↓

測点の中心を移心装置や定心かんを使って求心望遠鏡の◎印に入れる．
整準と求心は同時に満足させる．

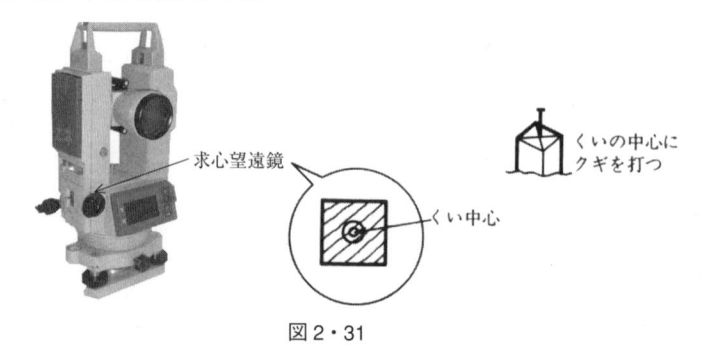

図2・31

機能を熟知すれば百戦も危うからず

視　準

視準とは目標物を望遠鏡の十字線交点に合わせることである．

① 視度の調整：十字線をはっきりさせる．
② 鏡外視準：目標物を望遠鏡の視野内に入れる．
③ 焦　準：目標物がはっきり見えるようにピントを合わせる．
④ 鏡内視準：微動ねじにて目標物を十字線交点に合わせる．

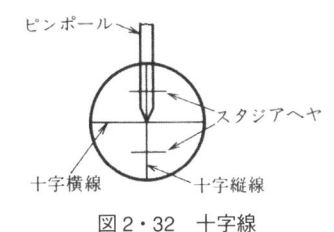

図 2・32　十字線

測角における上部運動，下部運動

① **上部運動** → 水平目盛（H目盛）が**変化する**．（図 **2・33**(**a**)）
② **下部運動** → 水平目盛（H目盛）は**変化しない**．（図 **2・33**(**b**)）

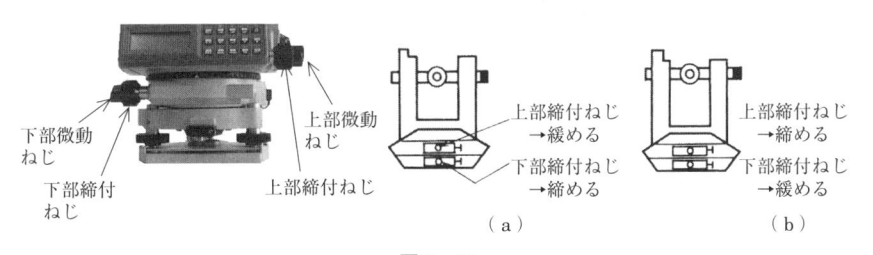

図 2・33

微動ねじは，それぞれの締付ねじを締めた状態でないと作動しない．また，下部のねじがない単軸型電子セオドライトでは，上部運動と角度のホールド機能を使うことで，下部運動と同じ働きをする．

2-11 水平角の測定

11
水平角度にて方向を知る

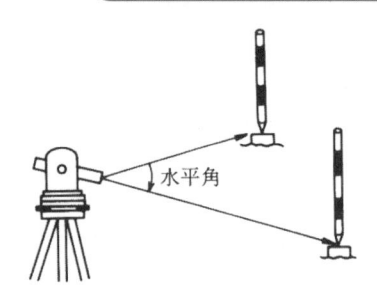

角度によって方向が決まる

水平角の測定 {
(1) 単測法（交角法）
(2) 倍角法（反復法）
(3) 方向法
}

　一般的には方向法による観測を行うが，どの観測方法でも機械的誤差を消去するため対回観測をする．対回観測とは，望遠鏡の正位と反位での観測のことであり，望遠鏡がどの状態であるかは鉛直ねじの位置で判断する．

　一（二）対回：正反1（2）回ずつ角度を測定すること．

（a）正位 r　　（b）反位 l
図2・34　望遠鏡の正反

■ 単測法

【操作順序（図2・35(a)）】
① O点に電子セオドライトを据え付ける．
② H目盛を0°付近にして測点1を視準する．
③ 上部締付ねじを緩めて右回りに角度 H を振り，測点2を視準して角度を読む．
（注）右回りの場合は，水平角 H は増加する．

【操作順序（図2・35(b)）】
① 反位にて，測点2を視準する．
② 上部運動にて角度を振り測定する．
（注）左回りの場合は，水平角 H は減少する．

測定角 {
正位 r → 終読−初読
反位 l → 初読−終読
}

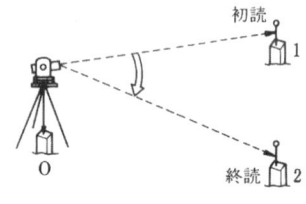

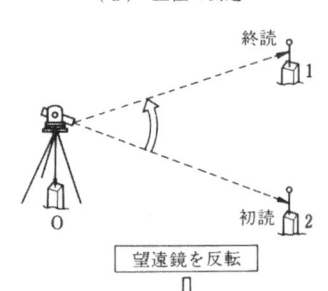

（a）正位の測定

（b）反位の測定
図2・35

水平角度にて方向を知る

測点	望遠鏡	視準点	観測角	測定角	平均角度	備考
O	正	1	0°02′00″		33°33′33″	
	r	2	33°35′31″	33°33′31″		
	反	2	213°36′00″	33°33′35″		
	l	1	180°02′25″			

平均角度＝（正位の測定角＋反位の測定角）／2

■ **倍角法** 同一角を反復測定する．一般的な工事測量に用いる．

【操作順序（図 2・36）】

① 電子セオドライトを測点 O に据えて，測点 1 を視準する（初読は H，M 目盛とも 0°付近にしておく）．
② 上部運動により測点 2 を視準し，1 回目の観測値（仮読み）を備考欄に記録する．
③ 下部運動により測点 1 を視準する（水平目盛は変わらない）．
④ 上部運動により測点 2 を視準する（目盛は変わるが角度は読まなくてよい）．
⑤ ③の操作を行う．
⑥ ④の操作を行って，終読の観測角を読む．
⑦ 望遠鏡を反転させて，同様に反位にて 3 倍角測定を行う．

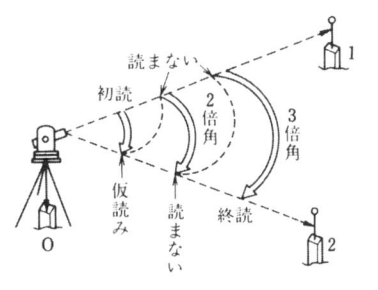

図 2・36　正位の 3 倍角測定

表 2・2　倍角法の野帳例（3 倍角の場合）

測点	望遠鏡	視準点	倍角数	観測角	角度	平均角度	備考
O	r	1	3	0°03′00″		61°10′15″	
		2		183°33′30″	183°30′30″		
	l	2	3	3°33′00″	①183°31′00″		
		1		180°02′00″			

正位の場合： n 倍角の測定角＝（n 倍角の終読－初読）／n

反位の場合： n 倍角の測定角＝（n 倍角の初読－終読）／n

（注）反位 l の計算：（初読－終読）が負ということは目盛が 360°を超えた場合なので，360°を加えて正の値にする．

① ＝ 3°33′00″－180°02′00″＋360°＝183°31′00″

2-11 水平角の測定

■ **方向法** 単測法に準じて基準線から右回りに数個の角度を求めていく方法．高い精度が要求される．測量に用いる．

$$\begin{cases} 正位\ r \cdots\cdots 1 \to 2 \to 3 \to 4 \\ 反位\ l \cdots\cdots 4 \to 3 \to 2 \to 1 \end{cases} 一対回の観測$$

【操作順序（一対回測定）】
（正位の測定）
① 初読は0°付近にして，下部運動で測点1を視準する．
② 上部運動により右回りに測点2を視準して水平角を読み取る（∠102）．
③ 続いて上部運動で測点3を視準して水平角を読み取る（∠103）．
④ 同様に，最後の∠104を測定する．

（反位の測定）
⑤ 次に望遠鏡を反転させて，まず最終測点4を上部運動にて視準し初読を読む．
⑥ 以下，正位の測定と同様に，反位にて左回りに順次測定していく．

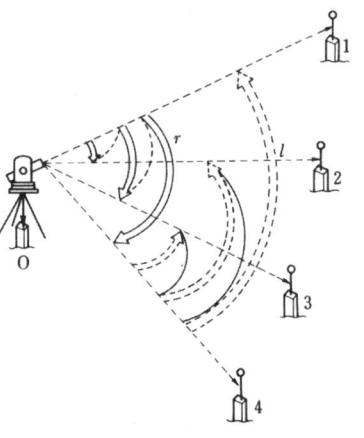

図2・37　一対回測定

| 方向法における観測の精度の判定 | → | 倍角差，観測差 |

$\begin{cases} 倍角\ (r+l)：同一視準点の一対回に対する正位と反位の\textbf{秒数の和} \\ 較差\ (r-l)：同一視準点の一対回に対する正位と反位の\textbf{秒数の差} \end{cases}$

（注）分が異なる場合は，分をそろえて計算する．

倍角差：倍角の最大と最小の差
観測差：較差の最大と最小の差

表2・3　基準点測量における許容倍角差・観測差

	3級	4級
対回数	2	2
倍角差	30″	60″
観測差	20″	40″

水平角度にて方向を知る

表2・4 方向法の野帳例(二対回の場合)

測点	目盛	望遠鏡	視準点	観測角	結　果	倍角 $r+l$	較差 $r-l$	倍角差	観測差
O	0°	r	1	0°03′30″	0°00′00″				
			2	62°20′40″	62°17′10″	→□40″	−20″	□10″	10″
			3	125°09′50″	125°06′20″	→○25	15	○10	20
			4	210°14′45″	210°11′15″	→④△80	⑤−50	⑨△50	⑩30
		l	4	30°15′25″	①210°12′05″				
			3	305°09′25″	125°06′05				
			2	242°20′50″	62°17′30″				
			1	180°03′20″	0°00′00″				
	90°	l	1	270°05′30″	0°00′00″				
			2	332°23′10″	62°17′40″	→□50″	⑥−30″		
			3	35°11′50″	②125°06′20″	→○35	⑦−5		
			4	120°16′55″	③210°11′25″	→△30	⑧−20		
		r	4	300°17′55″	210°11′05″				
			3	215°13′05	125°06′15				
			2	152°24′00″	62°17′10″				
			1	90°06′50″	0°00′00″				

(終読－初読),(初読－終読)が負 → 360°を加える.

① (30°15′25″−180°03′20″)+360°=210°12′05″

②,③も同様に計算

④,⑤:分を11′にそろえる $\left\{\begin{array}{l}r\text{ の視準点 }4 \to 210°11′15″ \\ l\text{ の視準点 }4 \to 210°11′65″\end{array}\right\}$

　倍角 $r+l$ = 15″+65″ = 80″

　較差 $r-l$ = 15″−65″ = −50″

⑥,⑦,⑧:$(r-l)$に注意! → ⑥ = $r-l$ = 10″−40″ = −30″　etc

前頁の**表2・3**より,3級基準点測量では視準点4は再測が必要となる(⑨,⑩).

2-12 鉛直角の測定

12
鉛直角度にて高低を知る

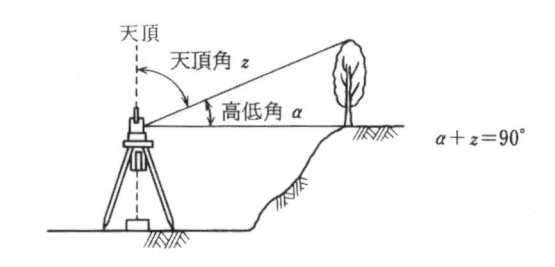

$\alpha + z = 90°$

鉛直角より高低差水平距離が求まる

電子セオドライトは，水平角と鉛直角が同精度で読定できるようになったことにより，斜距離と鉛直角から水平距離や高低差を求めること（光波測距儀を含む）が多くなってきたので，鉛直角観測についても習熟する必要がある．

〔例 2・12〕A 点および B 点において鉛直角測定を行って，次のような結果を得た．AB 間の高低差 H と，水平距離 L をそれぞれ求めよ．

  A 点の高低角 $\alpha_A = 30°00'20''$ （仰角）
  B 点の高低角 $\alpha_B = -29°59'40''$ （俯角）
  AB 間の斜距離 $D = 100.00$ m
  A 点の器械高 $i_A = 1.10$ m
  B 点の器械高 $i_B = 1.20$ m

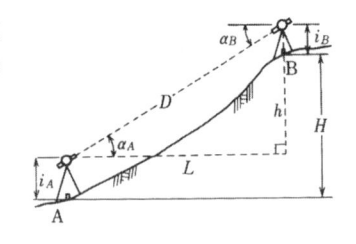

〔解〕高低角 $\alpha = \dfrac{\alpha_A + \alpha_B}{2} = \dfrac{30°0'20'' + 29°59'40''}{2} = 30°00'00''$

  $\sin\alpha = \dfrac{h}{D}$ ∴ $h = D \cdot \sin\alpha = 100.00 \times \sin 30° = 100.00 \times 0.5 = 50.00$ m

  高低差 $H = i_A + h - i_B = 1.10 + 50.00 - 1.20 = 49.90$ m

また

  水平距離 $L = D \cdot \cos\alpha = 100.00 \times \cos 30° = 100.00 \times \dfrac{\sqrt{3}}{2} ≒ 86.60$ m

鉛直角 ─┬─ 天頂角 z ……… 鉛直線からの角度
   └─ 高低角 α ……… 水平線からの角度 ─┬─ 仰角（＋）
                        └─ 俯角（－）

$$\left. \begin{array}{l} 天頂角\ z = \dfrac{1}{2}(r - l + 360°) \\ 高低角\ \alpha = 90° - z \end{array} \right\} \quad (2 \cdot 6)$$

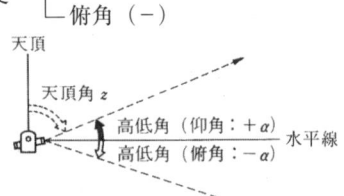

鉛直角度にて高低を知る

表2・5 鉛直角の野帳例

測点	望遠鏡	視準点	観測角	高度定数 k	天頂角 z	高低角 α
O	r	1	45°15′20″		$z=\dfrac{1}{2}(r-l+360°)$ $=45°15′10″$	$\alpha=90°-z$ $=44°44′50″$ (仰角)
	l	1	314°45′00″			
	$r+l$		360°00′20″	20″		
	$r-l$		−269°29′40″			
O	r	2	100°05′30″		$z=\dfrac{1}{2}(r-l+360°)$ $=100°05′40″$	$\alpha=90°-z$ $=-10°05′40″$ (俯角)
	l	2	259°54′10″			
	$r+l$		359°59′40″	−20″		
	$r-l$		−159°48′40″			

高度定数 k：鉛直角を測定のとき，望遠鏡の正位，反位の測定値の合計は，理論的に360°になるべきであるが，器械誤差によって一定の差がでる値をいう．この値は鉛直角の大きさには関係しない．

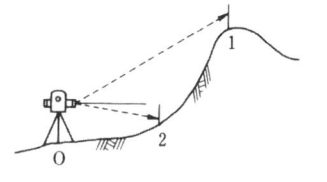

$$\text{高度定数 } k = (r+l) - 360° \tag{2・7}$$

r：望遠鏡が正位の鉛直角　　l：望遠鏡が反位の鉛直角

高度定数の較差：2方向以上について鉛直角を測定したとき，高度定数の最大と最小の差．

↓

鉛直角測定の精度を判定する．

表2・5 の k の較差 $= 20″ - (-20″)$
$= 40″$

表2・6 より，4級では許容内であるが，3級では再測が必要である．

表2・6 鉛直角測定における許容高度定数 k

	3級 基準点	4級 基準点
対回数	1	1
k の較差	30″	60″

13 誤差とは上手につき合おう

2-13 測角の誤差

電子セオドライトを用いて測角する場合にも，必ず誤差が生じる．この誤差の種類や消去法について考えてみよう．

誤差の種類と消去方法

■ 電子セオドライトの器械的誤差

器械固有の一定誤差（定誤差）

V：鉛直軸　　L：気泡管軸
H：水平軸　　C：視準線軸

① 鉛直軸誤差……L⊥Vになっていないために生じる誤差　⎫
② 水平軸誤差……H⊥Vになっていないために生じる誤差　⎬ 三軸誤差
③ 視準軸誤差……C⊥Hになっていないために生じる誤差　⎭
④ 偏心誤差……水平目盛の回転軸と鉛直軸が一致していないために生じる誤差
⑤ 外心誤差……視準線軸が鉛直軸に一致しないときに生じる誤差
⑥ 目盛誤差……目盛の刻み方が均一でないために生じる誤差

表 2・7　器械的誤差の消去法

	器械誤差	誤 差 の 消 去 法
①	鉛直軸誤差	正反測定では消去できない．検査・調整が必要
②	水平軸誤差	正位・反位の測定値の平均をとる
③	視準軸誤差	正位・反位の測定値の平均をとる
④	偏心誤差	正位・反位の測定値の平均をとる
⑤	外心誤差	正位・反位の測定値の平均をとる
⑥	目盛誤差	目盛盤のすべてを使って測定する

（注）鉛直軸誤差と目盛誤差を除く器械的誤差は正反の測定方法によって消去できる．

誤差とは上手につきあおう

■ 電子セオドライトの測定誤差

不定誤差：誤差は完全に除去できない．

測定誤差はできるだけ少なくするように心がけることが大事である．

① 地盤の不等沈下による誤差……三脚の傾きによって生じる誤差．
② 読取誤差……目盛を読むときに生じる．
③ 据付け（致心）誤差……下げ振りと測点とのずれによって生じる誤差（図 2・38）．
④ 視準誤差……視準線と目標物とのずれによって生じる誤差（図 2・39）．
⑤ 自然現象による誤差……光の屈折，温度変化，風などによって生じる誤差．

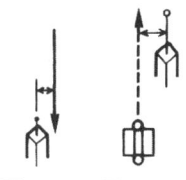

図 2・38　図 2・39

許容測角誤差

■ 三角形の内角測定

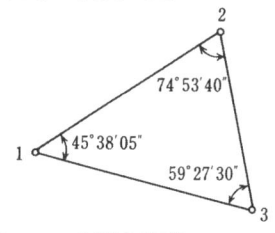

表 2・8　単測法の正位による内角測定

測点	視準点	観測角	測定角	備考
1	2	0°45′00″		
	3	46°23′05″	45°38′05″	
2	3	0°10′40″		
	1	75°04′20″	74°53′40″	
3	1	0°07′40″		
	2	59°35′10″	59°27′30″	

■ 表 2・8 の測角誤差

測角誤差 = 測定内角の和 − 理論角
　　　　= (45°38′05″ + 74°53′40″ + 59°27′30″) − 180°
　　　　= 179°59′15″ − 180° = −45″

4 級基準点測量では許容範囲内であるが，3 級では再測を必要とする（**表 2・9**）．

■ 3 級基準点測量の場合

測角誤差 = $20″\sqrt{n} = 20″\sqrt{3}$
　　　　= 20″ × 1.732 = 34.64″ ≒ 35″

■ 4 級基準点測量の場合

測角誤差 = $50″\sqrt{n} = 50″\sqrt{3}$ ≒ 87″

表 2・9　許容測角誤差

	3 級基準点	4 級基準点
許容誤差	$20″\sqrt{n}$	$50″\sqrt{n}$
三角形の場合	35″	87″

n：測角数

2-14 トータルステーションとは

14 距離と角度のことなら私にまかせて

光波測距儀　電子セオドライト

測距と測角機能

トータルステーション（**TS**）は電子セオドライトと光波測距儀の機能を持ち、同一の視準軸から水平角・鉛直角・斜距離を一度に観測できる器械である．観測データは野帳の代わりであるメモリーカードや電子野帳などに記録をすることができ、コンピュータへの出力もできる．また、内蔵されたプログラムを使い、現場で各種計算を行うことができるため多くの建設現場で使用されている．

測角：セオドライト
測距：光波測距儀
測角・測距：トータルステーション

測距方式

■ プリズム測距型

測距に反射プリズムを使用する方式であり、数 km の距離観測を行える．

■ ノンプリズム測距型

200 m までの距離観測において、反射プリズムを使用しない測距方式である．反射プリズムを使用した場合と同程度の観測精度を持っており、急傾斜地や民家内などの作業が困難な場所で使用されることが多い．

トータルステーション

メモリーカード　電子野帳
図2・40

図2・41　ノンプリズム測距型

距離と角度のことなら私にまかせて

▎TSによる測量

TSに内蔵されたプログラムによる測量には次のようなものがある．

■ 水平距離・高低差の計算

TSの距離測量で得られるデータは斜距離Sであるため，鉛直角θより水平距離H，高低差Vを計算し表示することができる．

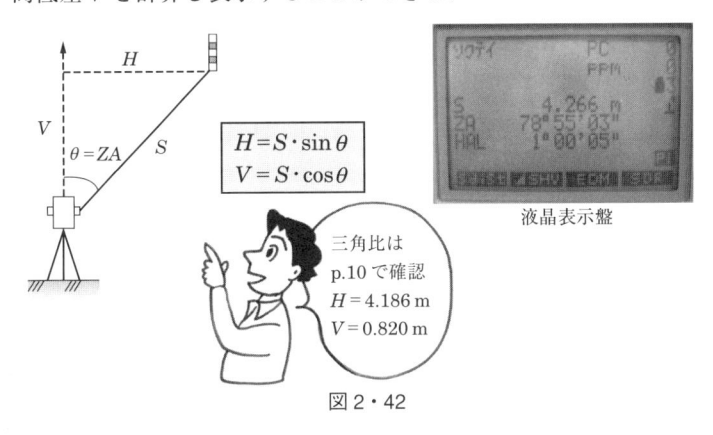

$$H = S \cdot \sin\theta$$
$$V = S \cdot \cos\theta$$

三角比は p.10 で確認
$H = 4.186 \text{ m}$
$V = 0.820 \text{ m}$

液晶表示盤

図 2・42

■ 逆トラバース計算（くい打ち・測設計算）

TSに機械点（P）・後視点（A）・くい打ち点（B）の座標値を入力すると，自動でPA・PB測線の方向角αと水平距離Hが計算される．液晶表示盤には，基準となるPA測線からくい打ち点までの水平角β_Bと，機械点からくい打ち点までの水平距離H_Bが表示されるので，簡単にくいを設置することができる．

・2点間の方向角*

$$\alpha_A = \tan^{-1}\left|\frac{Y_A - Y_P}{X_A - X_P}\right| \quad (2\cdot 8)$$

$$\alpha_B = \tan^{-1}\left|\frac{Y_B - Y_P}{X_B - X_P}\right| \quad (2\cdot 9)$$

・水平角 β_B

$$\beta_B = \alpha_B - \alpha_A \quad (2\cdot 10)$$

・水平距離 H_B

$$H_B = \sqrt{(X_B - X_P)^2 + (Y_B - Y_P)^2} \quad (2\cdot 11)$$

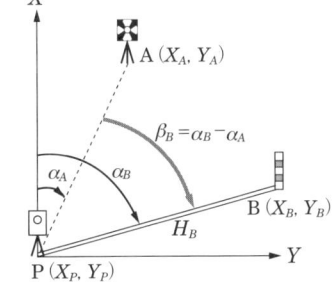

図 2・44　逆トラバース計算

＊方向角はX軸からの右回りの角度で，象限による測線の方向角は，第1象限：α，第2象限：$180°-\alpha$，第3象限：$180°+\alpha$，第4象限：$360°-\alpha$となる（p.65参照）．

2-14 トータルステーションとは

【逆トラバースの計算例（星形の測設）】

表 $2\cdot10$ は星形の頂点座標より，基準となる PA 測線から各くい打ち点までの水平角 β と，器械点から各くい打ち点までの水平距離 H を計算したものである．

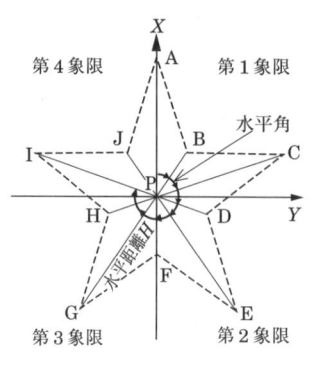

① $\alpha_A = \tan^{-1} \left| \dfrac{0.000 - 0.000}{44.541 - 0.000} \right| = 0°0'0''$

② $\alpha_D = 180° - \tan^{-1} \left| \dfrac{16.180 - 0.000}{-5.257 - 0.000} \right| = 107°59'58''$

③ $\alpha_G = \tan^{-1} \left| \dfrac{-26.180 - 0.000}{-36.304 - 0.000} \right| + 180 = 215°59'59''$

④ $\alpha_I = 360° - \tan^{-1} \left| \dfrac{-42.361 - 0.000}{13.764 - 0.000} \right| = 288°0'0''$

⑤ $H = \sqrt{(44.541 - 0.000)^2 + (0.000 - 0.000)^2} = 44.541\,\text{m}$

表 $2\cdot10$　逆トラバース計算書

器械点名	X	Y	モード	視準点名	X	Y	距離 H	方向角 α	水平角 β
P	0.000	0.000	放射	A	44.541	0.000	⑤44.541	① 0°00'00"	0°00'00"
			放射	B	13.764	10.000	17.013	35°59'59"	35°59'59"
			放射	C	13.764	42.361	44.541	72°00'00"	72°00'00"
			放射	D	−5.257	16.180	17.013	②107°59'58"	107°59'58"
			放射	E	−36.034	26.180	44.540	144°00'01"	144°00'01"
			放射	F	−17.013	0.000	17.013	180°00'00"	180°00'00"
			放射	G	−36.034	−26.180	44.540	③215°59'59"	215°59'59"
			放射	H	−5.257	−16.180	17.013	252°00'02"	252°00'02"
			放射	I	13.764	−42.361	44.541	④288°00'00"	288°00'00"
〔単位：m〕			放射	J	13.764	−10.000	17.013	324°00'01"	324°00'01"

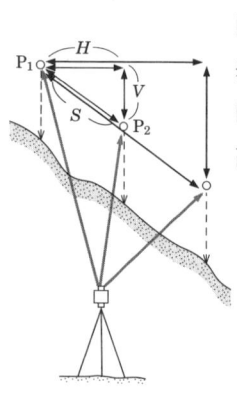

測設した点をつなげば星の完成だ！

■ **対辺測定**　二つの測点間の斜距離，水平距離，高低差を表示することができる．

■ **遠隔測高**　反射プリズムを直接設置できない鉄塔や橋の高さを求めることができる．

任意の位置に据えても必要な値が得られる

図 $2\cdot45$　対辺測定　　　　図 $2\cdot46$　遠隔測高

距離と角度のことなら私にまかせて

TSシステムとは

TSシステムは観測から成果出力までの一連の作業をコンピュータで処理することであり，データの入力作業を自動化することで過失をなくし，効率的に作業を行うことができる．

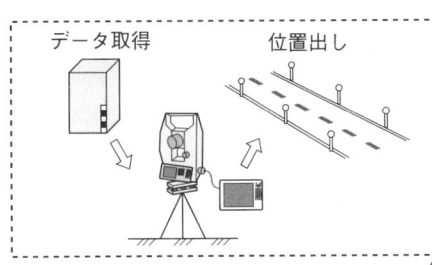

観測
- 地形・地物のデータ取得
- 道路や構造物の位置出し

データ取得／位置出し

↕ データ送受信

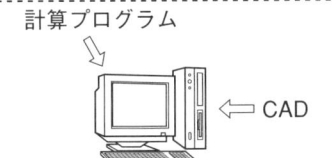

計算・図化
測量計算プログラムによる観測データの座標化やCADによる製図

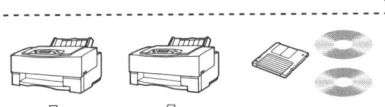

計算プログラム ⇐ CAD

↕

成果出力
- 自動製図機やプリンタによる図面と計算書の出力（紙での納品）
- CD-RまたはMOによる電子納品*

図面　計算書　電子納品

＊電子納品：ペーパーレス化・データ利用度の高さ・品質の向上を目的とした，従来の紙に代わる電子媒体での成果納品のこと．

2章のまとめ

(1) 精度の表し方　　**2**「測量の誤差」(p.20) の補足

精度 P ……測定値の確かさの度合い ➡ 分子を 1 とした分数で表す。

〔例 2・13〕ある 2 点間の距離測量を 2 回行ったところ，$L_1 = 90.02$ m と $L_2 = 89.98$ m であった。この場合の精度 P を求めよ。

〔解〕平均値 $L_0 = \dfrac{L_1 + L_2}{2} = \dfrac{90.02 + 89.98}{2} = 90.00$ m

較差（出会差）$= L_1 - L_2 = 90.02 - 89.98 = 0.04$ m

精度 $P = \dfrac{L_1 - L_2}{L_0} = \dfrac{0.04}{90.00} = \dfrac{1}{2\,250}$

(注) $P = \dfrac{1}{\boxed{}}$ ←分母 90.00 を分子 0.04 で割った数 2 250 が $\boxed{}$ に入る。

(2) 整準台と三脚　　測角器具の補足

シフティング式：求心は移心装置をゆるめ，整準台上で器械を動かして行い，定心かんは大口径のものを使う。

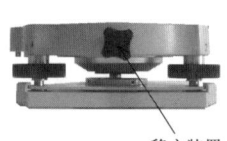

大口径定心かん

移心装置

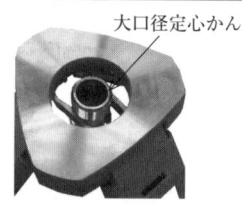

着脱式：求心は定心かんをゆるめ，三脚上で器械を動かして行い，定心かんは小口径のものを使う。着脱式は整準台をそのままに器械と反射プリズムを入れ変えることができるので，器械が順次移動していくトラバース測量などに便利である。

小口径定心かん

着脱レバー

平面の測量

3章

トランシットによる骨組測量，平板による細部測量など測量の基本となる測量．

1 恐竜の大きさも骨格から

3-1 骨組測量とは

骨組測量はトラバース測量

骨組測量とは測量しようとする区域全体を覆う骨組を造り，骨組の基礎となる点（基準点）の位置を決めるための測量である．

■ トラバース

骨組をなす線分を測線といい，測線の連なったものをトラバースという．

■ 基準点の位置

各基準点間の距離と角度を測定し，座標値を計算し骨組を決定すること．

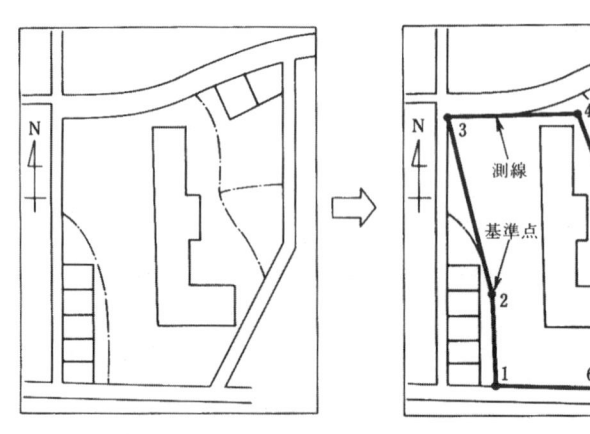

図3・1　測量しようとする区域

図3・2　骨組の基礎となる点（トラバース）

恐竜の大きさも骨格から

骨格にもいくつかの種類が

トラバースの種類には，次のようなものがある．

■ **閉合トラバース（図3・3（a））**

出発点から始まり最後に出発点に戻る，多角形を構成するトラバースである．一般的によく用いられる．

■ **結合トラバース（図3・3（b））**

既知点間A，Bを結ぶトラバースである．既知点の関係位置が測量結果を点検するための条件となる．

■ **開トラバース（図3・3（c））**

始点と終点との間に何の関係もないトラバースである．測量結果を点検するための条件がない．

■ **トラバース網**

2個以上のトラバースを組み合わせたものをトラバース網という．

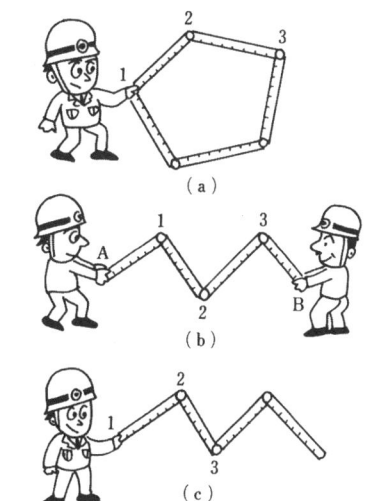

図3・3 トラバースの種類

重要Point　トラバース測量の特徴

① まず骨格を造り，細部測量に入るため図形のねじれや，食違いが少ない．
② 三角測量ほど精密さは期待できないが，距離測量に大きな困難がないときに利用される．
③ トラバースの形は，測量の目的，精度，地形または既知点の位置などに応じて選ぶことができる．

考古学でも大切なところ！

3-2 踏査・選定・造標

2 始める前にはまず下見

| トラバース測量の順序 | トラバース測量の手順には，主として野外で行う実際の測量作業（外業）とその結果を整理・点検し，計算・製図を行う作業（内業）とがある． |

■ 手順の流れ

手順の流れ

踏査・選点・造標 → 距離測定 → 角測量 → 計算・製図

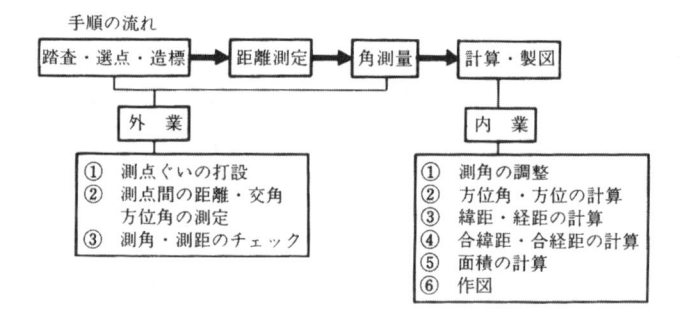

外業
① 測点ぐいの打設
② 測点間の距離・交角方位角の測定
③ 測角・測距のチェック

内業
① 測角の調整
② 方位角・方位の計算
③ 緯距・経距の計算
④ 合緯距・合経距の計算
⑤ 面積の計算
⑥ 作図

■ 器具の説明（図3・4）

① トータルステーション
② 反射プリズム
③ 簡易プリズム
④ 三脚
⑤ 簡易三脚
⑥ くい
⑦ かけや

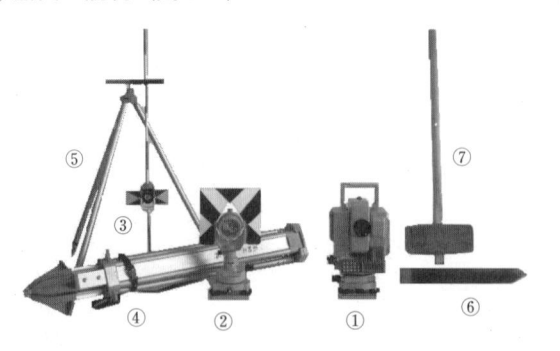

図3・4　トラバース使用器具

始める前にまず下見

踏査・選点・造標

■ 踏　査
測量を始める前に，測量を完成させるのに最も効率のよい作業計画を立てるため，現地をよく視察すること．

■ 選　点
踏査の結果から適当な測点（トラバース点）を選ぶこと．

■ 造　標
選点がすめば，測点の位置に標識を立てる．これを造標という．
　　・永久的（コンクリート・石）
　　・一般的（適当な木ぐい）
選点の結果は以後の作業や精度に大きく影響を与えるため，慎重に行う必要がある．

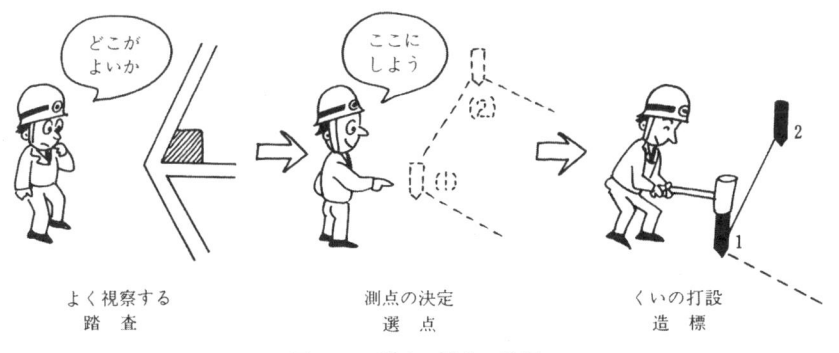

よく視察する	測点の決定	くいの打設
踏　査	選　点	造　標

図3・5　踏査・選点・造標

重要Point　選点の注意事項

① 測点の数をできるだけ少なく，測点間は均等にする．
② 器械の据付けや，見通しが容易な所を選ぶ．
③ 細部測量にも便利に利用できる所を選ぶ．
④ 後日の発見が容易で，安全に保存できる所を選ぶ．

センテンをマンテンに！

3-3 角観測

3
扇風機の首振り角度は

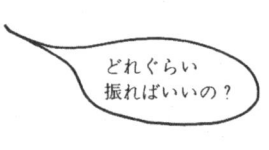

どれぐらい振ればいいの？

トラバースにおける角の測定

出発辺には方位角が必要である．

方位角 α_0 の測定とは，基準になる点（磁北，目標物など）から第一測線までの角度を測定することである．

トラバース測量の角測定とは，要求する精度に応じて単測法，倍角法，方向法（pp.40～43参照）などで測定することである．

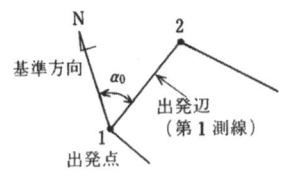

図3・6 方位角

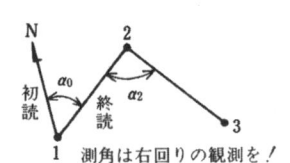

図3・7 測角方向

■ 交角法

各測線が前の測線となす角（交角）を測定する方法．

① **閉合トラバース（図3・8(a)）**：閉合トラバースの場合，一般によく用いられているのは内角 α の測定である．また外角 β の測定方法もある．

② **開トラバース（図3・8(b)）**：開トラバースの場合は，測線の進行方向に対し左側 α の観測と右側 β の観測方法がある．

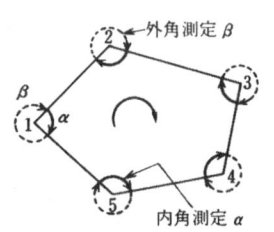

(a) 閉合トラバース

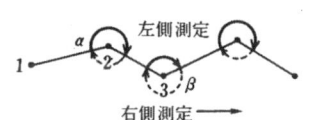

(b) 開トラバース

図3・8 交角法

扇風機の首振り角度は

図3・9 測点番号（進行方向）

■ 偏角法

各測線がその前の測線の延長となす角（偏角）を測定する方法である．

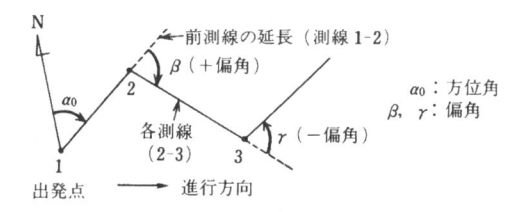

α_0：方位角
β, γ：偏角

図3・10 偏角法

偏角の符号 $\begin{cases} 延長線に対し右側の偏角を（+）\\ 延長線に対し左側の偏角を（−）\end{cases}$ として区別する．

閉合トラバースの場合：偏角の総和 $\Sigma\beta = 360°$ となる．

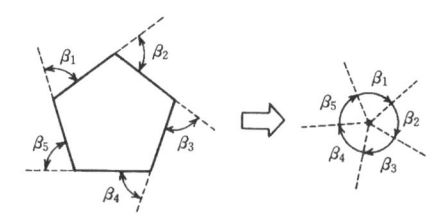

重要 Point　基準方向線のとり方

トラバースは測線の基準方向（0方向）が必要である．
① 既知点が見えれば，これを基準とする．
② 既知点がない場合は，磁針計を使い磁北を基準とする．
③ 磁針計がない場合は，煙突や鉄塔など見えやすく確かなものを選ぶ．

基準を決めるのが基本だ

3-4 観測角の点検・調整

4 ひと回りすれば？度

トラバース測量の角観測が終わったら，トラバースの形に応じた条件式に測定角をあてはめて，条件式を満足させるかどうかチェックする必要がある．

■ 閉合トラバースの条件式

① 内角測定の場合

全内角の総和 $\Sigma\alpha = (n-2)\cdot 180°$

(3・1)

② 外角測定の場合

全外角の総和 $\Sigma\beta = (n+2)\cdot 180°$

(3・2)

ただし，α_0：方位角
n：辺数（交角の測角数）
α：内角測定値
β：外角測定値
Σ：測定角の総和

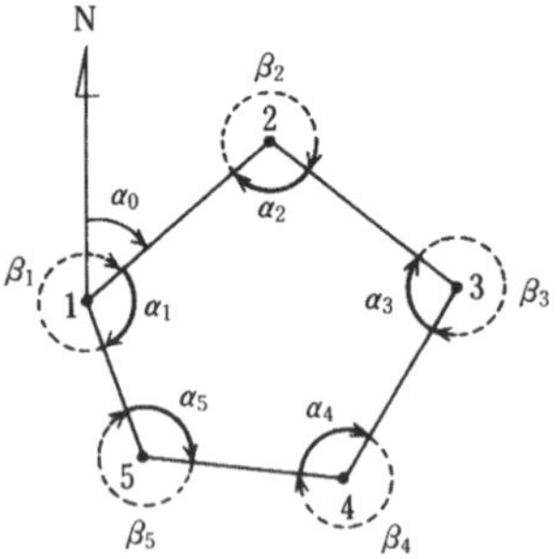

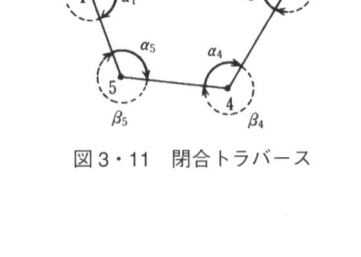

図3・11　閉合トラバース

■ 結合トラバースの条件式

既知線 AC，BD がいずれの方向にあるかによって区分される．

図3・12 の場合

$(\theta_A - \theta_B) + \Sigma\alpha = 180°(n-1)$

(3・3)

ただし，θ：方位角
α：観測角
n：辺数（交角の測角数）

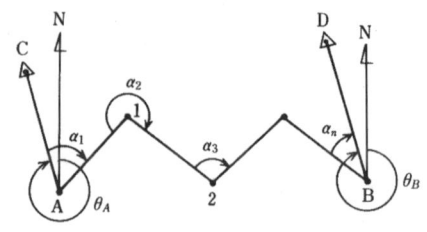

図3・12　結合トラバース

ひと回りすれば？度

角の調整　測角の点検において，誤差が許容範囲内であれば調整作業に入る．

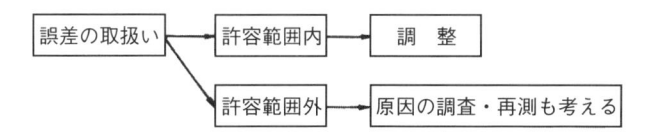

```
誤差の取扱い ─┬─ 許容範囲内 ─── 調　整
              └─ 許容範囲外 ─── 原因の調査・再測も考える
```

・調整方法：一般にトラバース測量の角の調整は，まず誤差を平等に配分し，余分は 1″ ずつ順に配分する．

〔例 3・1〕 図 3・13 の測定内角を調整する．

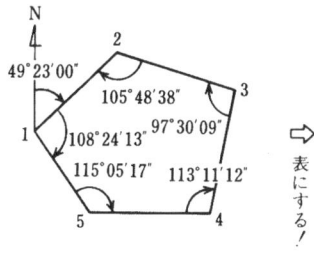

図 3・13　閉合トラバース実測値

表 3・1　調整計算

測点	実測内角	調整量	調整内角
1	108°24′13″	7″	108°24′20″
2	105°48′38″	6″	105°48′44″
3	97°30′09″	6″	97°30′15″
4	113°11′12″	6″	113°11′18″
5	115°05′17″	6″	115°05′23″
計	539°59′29″	31″	540°00′00″

条件式 (3・1)　　$\Sigma \alpha = (n-2) \cdot 180°$

$\Sigma \alpha = (5-2) \cdot 180° = 540°$

実測内角　$\Sigma \alpha = 539°59′29″$

誤差＝(条件式の $\Sigma \alpha$) − (実測内角の $\Sigma \alpha$)

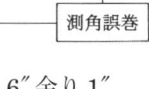

　　　＝ $540° - 539°59′29″ = 31″$

各内角への調整量 ＝ $\dfrac{測角誤差}{内角数} = \dfrac{31″}{5} = 6″$ 余り $1″$

(測定内角が条件式に満たないため調整量はプラスとなる)

3-5 方位角の計算

5 方向は北を基準に考える

北極星

これが基準だ

方位角とは北(N)から何度か

方位角とは調整された内角をもとに各測線が北(N)を $0°$ にして時計回り(右回り)に何度になるかを計算したものである．

図 3・14 において

α_0：測定方位角（測線 1-2 の方位角）

α_2, α_3：各測線の方位角（計算で求める）

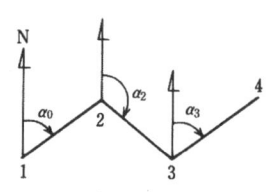

図 3・14　方位角

方位角の計算（各測線の方位角）

■ 進行方向に対し右側の交角を測定した場合

・方位角（図 3・15）

α_0：測線 1-2 の方位角で実測されたもの．

β：測定内角（交角）

・測線 2-3 の方位角

$$\alpha_2 = \alpha_0 + 180° - \beta_2$$

・測線 3-4 の方位角

$$\alpha_3 = \alpha_2 + 180° - \beta_3$$

> ある測線の方位角＝一つ前の方位角＋$180°$
> 　　　　　　　　　　－その点の交角
> 　　　　　　　　　　　　　　　　(3・4)

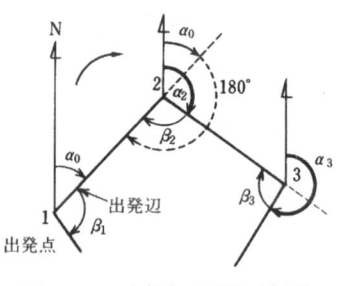

（値が $360°$ を超えれば $360°$ を減ずる）

図 3・15　方位角の計算（右側）

〔**例 3・2**〕図 3・15 において出発辺の方位角 $\alpha_0 = 42°30'16''$，測線 2 の測定内角（交角）$\beta_2 = 93°18'44''$ とすれば，測線 2-3 の方位角 α_2 は式 (3・4) より

$$\alpha_2 = \alpha_0 + 180° - \beta_2 = 42°30'16'' + 180° - 93°18'44''$$
$$= 129°11'32''$$

方向は北を基準に考える

■ 進行方向に対し左側の交角を測定した場合

・方位角，図 3・16 において
　α_0：測線 1-2 実測方位角，
　β：測定内角（交角）
・測線 2-3 の方位角
$$\alpha_2 = \alpha_0 + 180° + \beta_2 - 360°$$
$$= \alpha_0 + \beta_2 - 180°$$

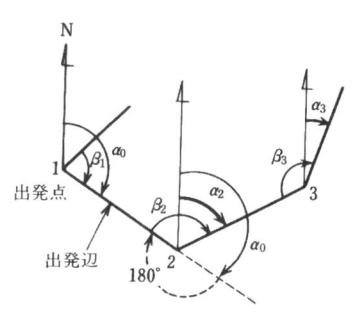

図 3・16　方位角の計算（左側）

> ある測線の方位角 = 一つ前の方位角 + その点の交角 − 180°　　　(3・5)

（値が 360°を超えれば 360°を減じ，負になれば 360°を加える）

〔例 3・3〕図 3・16 において出発点の方位角 $\alpha_0 = 126°18'50''$，測点 2 の測定内角（交角）$\beta_2 = 118°29'28''$ とすれば，測線 2-3 の方位角 α_2 は式(3・5)より
$$\alpha_2 = \alpha_0 + \beta_2 - 180°$$
$$= 126°18'50'' + 118°29'28'' - 180°$$
$$= 64°48'18''$$

■ 方位角計算のチェック（右側測定の例）

図 3・17 において

> $\alpha_0' = \alpha_5 + 180° - \beta_1$
> $\alpha_0' = \alpha_0$ でなければならない

ダメなら再計算だ！

計算による出発辺の方位角 α_0' と測定方位角 α_0 が一致すること

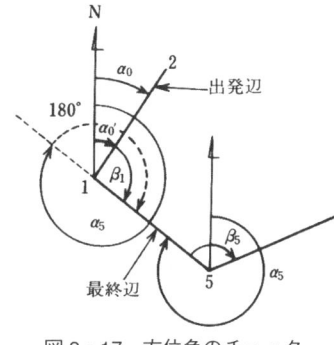

図 3・17　方位角のチェック

3-6 方位の計算

太陽は東から西へ（E→W）　方位は北・南を中心に（N↔S）

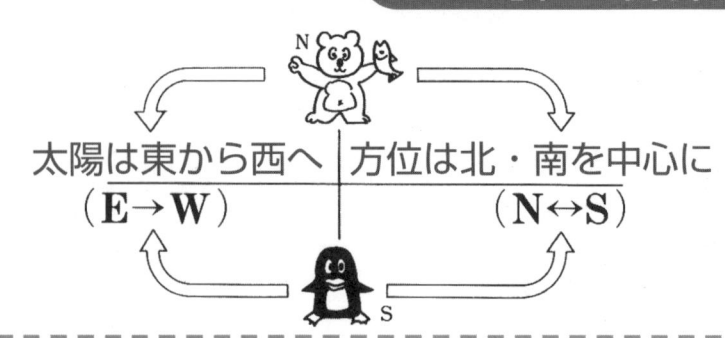

> 方位とはN-S軸を基準に考える

各測線の方位角が求まると，次に方位の計算をする．方位は南北線を基準として90°以下の角度で表す．

図3・18の方位角は図3・19の各測線の方位角を表現したものである．

一般的な方位の計算は表3・2の式による

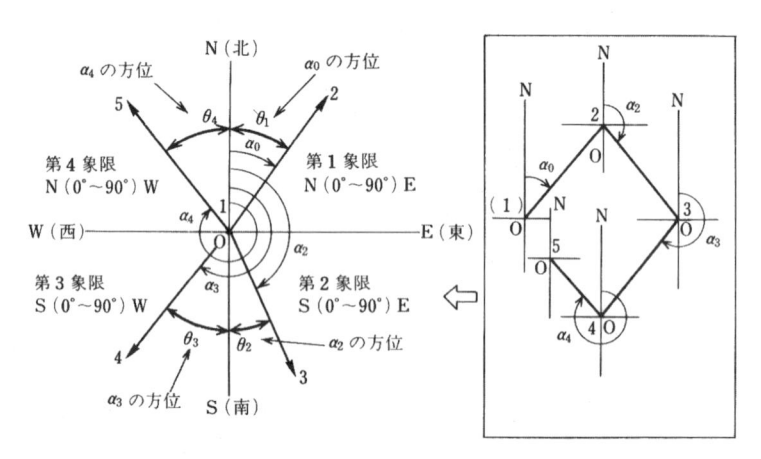

図3・18　方位の表し方図

図3・19　方位角

表3・2　方位角と方位の関係

方位角 a	方位 θ	方位の計算式	図3・18の場合
0°〜90°	N0°〜90°E	$\theta = a$	a_0
90°〜180°	S0°〜90°E	$\theta = 180° - a$	a_2
180°〜270°	S0°〜90°W	$\theta = a - 180°$	a_3
270°〜360°	N0°〜90°W	$\theta = 360° - a$	a_4

太陽は東から西へ，方位は北・南を中心に

方位角と方位の計算

〔例3・4〕図3・20は調整された内角のトラバースである．この値を使って方位角と方位を求めてみる．

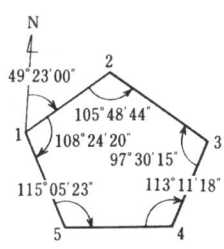

右の図は下の表のようにして計算するのだ！

図3・20

① 方位角の計算　式（3・4（p.62））を利用する．

表3・3　方位角の計算

測点	測線	（一つ前の方位角）	+180°	－（その点の交角）	式(3・4)	方位角 a
1	1-2	49°23′00″	（出発辺は観測方位角）		→	49°23′00″
2	2-3	49°23′00″	+180°	－105°48′44″	→	123°34′16″
3	3-4	123°34′16″	+180°	－97°30′15″	→	206°04′01″
4	4-5	206°04′01″	+180°	－113°11′18″	→	272°52′43″
5	5-1	272°52′43″	+180°	－115°05′23″	→	337°47′20″
1	1-2	337°47′20″	+180°	－108°24′20″	→	49°23′00″

↑ 出発点まで戻す

OK!

出発辺の観測方位角に一致するからO.K！

② 方位の計算　表3・2の計算式を利用する．

表3・4　方位の計算

測線	方位角 a	方位の計算式（表3・2）	方位 θ
1-2	49°23′00″	N $(\theta = a_0)$ E	N 49°23′00″ E
2-3	123°34′16″	S $(180° - 123°34′16″)$ E	S 56°25′44″ E
3-4	206°04′01″	S $(206°04′01″ - 180°)$ W	S 26°04′01″ W
4-5	272°52′43″	N $(360° - 272°52′43″)$ W	N 87°07′17″ W
5-1	337°47′20″	N $(360° - 337°47′20″)$ W	N 22°12′40″ W

3-7 緯距と経距の計算

7 緯距・経距は力の分解

緯距と経距

緯距・経距とは方位の角を利用して各測線の分力を求めることである．

分力の基準 $\begin{cases} 縦軸 N（北）- S（南）軸 \to 緯距 L \\ 横軸 E（東）- W（西）軸 \to 経距 D \end{cases}$

符号は N，E 方向が（＋），S，W 方向は（－）となる．

■ 測線 1-2 の緯距 L_1，経距 D_1

図 3・21 より

$$緯距 L_1 = l_1 \cdot \cos \alpha_0 \quad (+)$$
$$経距 D_1 = l_1 \cdot \sin \alpha_0 \quad (+)$$

■ 測線 2-3 の緯距 L_2，経距 D_2

図 3・22 より

$$緯距 L_2 = l_2 \cdot \cos \theta_2 \quad (-)$$
$$経距 D_2 = l_2 \cdot \sin \theta_2 \quad (+)$$

■ 一般式

$$\left. \begin{array}{l} 緯距 L = \pm l \cdot \cos（方位） \\ 経距 D = \pm l \cdot \sin（方位） \end{array} \right\}$$

$$(3・6)$$

（方位角でも同じ）

緯距・経距の計算は座標の原点を移動させ各測線について計算する．

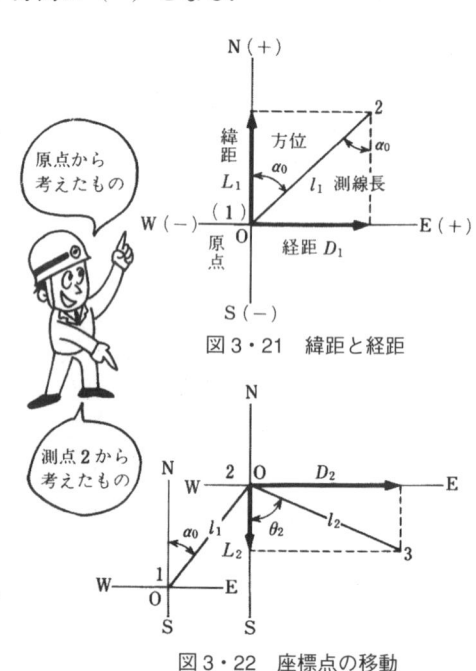

図 3・21 緯距と経距

図 3・22 座標点の移動

緯距・経距は力の分解

緯距と経距の計算

緯距と経距の計算例

〔例 $3 \cdot 5$〕 表 $3 \cdot 4$（p.65）の方位を使って緯距と経距の計算を求める．各測点間の距離は**表 $3 \cdot 5$** のとおりとする．

図 $3 \cdot 23$　緯距と経距の図示

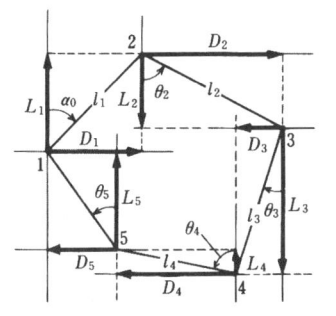

表 $3 \cdot 5$　距離と方位の確認

測線	距離 l [m]	方　位 θ
1-2	96.360	N 49°23′00″ E
2-3	102.100	S 56°25′44″ E
3-4	97.210	S 26°04′01″ W
4-5	84.340	N 87°07′17″ W
5-1	82.880	N 22°12′40″ W

表 $3 \cdot 6$　緯距と経距の計算

測点	測線	距離 l [m]	方位 θ	緯距 L [m] N (+)	緯距 L [m] S (−)	経距 D [m] E (+)	経距 D [m] W (−)
1	1-2	96.360	N 49°23′00″ E ↓　　　↓ (+)欄へ　(+)欄へ	62.730 ↑ (96.360×cos 49°23′00″)		73.145 ↑ (96.360×sin 49°23′00″)	
2	2-3	102.100	S 56°25′44″ E ↓　　　↓ (−)　　　(+)		56.458 (102.100×cos 56°25′44″)	85.070 (102.100×sin 56°25′44″)	
3	3-4	97.210	S 26°04′01″ W ↓　　　↓ (−)　　　(−)		87.322 (97.210×cos 26°04′01″)		42.716 (97.210×sin 26°04′01″)
4	4-5	84.340	N 87°07′17″ W ↓　　　↓ (+)　　　(−)	4.236 (84.340×cos 87°07′17″)			84.234 (84.340×sin 87°07′17″)
5	5-1	82.880	N 22°12′40″ W ↓　　　↓ (+)　　　(−)	76.730 (82.880×cos 22°12′40″)			31.330 (82.880×sin 22°12′40″)
計		462.890		143.696	143.780	158.215	158.280

表にするのがいちばん

式 (3・6) より $l \cdot \cos\theta$

式 (3・6) より $l \cdot \sin\theta$

3-8 閉合誤差と閉合比

8 誤差はつきもの

閉じない？

もし誤差がなければ

図 **3・24** のような閉合トラバースにおいて，もし距離と角度の測定に誤差がなければ，緯距の総和 $\Sigma L = 0$，経距の総和 $\Sigma D = 0$ となり，トラバースは原点1において閉じることになる．

$$\Sigma L = L_1 + L_2 + L_3 + L_4 + L_5 = 0$$
（上向きが正，下向きが負）
$$\Sigma D = D_1 + D_2 + D_3 + D_4 + D_5 = 0$$
（右向き正，左向きを負）

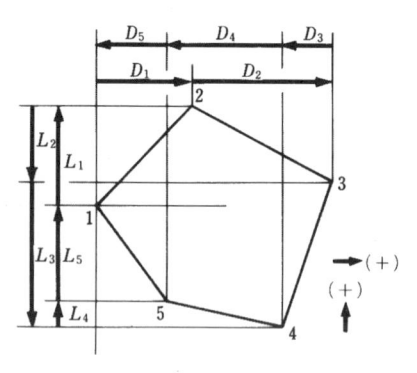

図 3・24　L と D の方向

誤差はつきもの

距離および角度の測定を正確に行ったとしても，誤差は生じるものであり，$\Sigma L = 0$，$\Sigma D = 0$ とはならない．つまり図 **3・25** のように原点1で閉じずに，1-1′ の開きができてしまう．

E_L：緯距の誤差
E_D：経距の誤差
E ：閉合しない誤差
　　閉合誤差

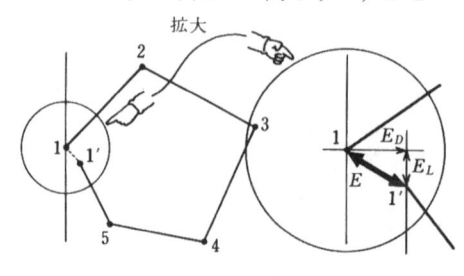

図 3・25　閉合誤差

誤差はつきもの

閉合誤差と閉合比

緯距の誤差 E_L, 経距の誤差 E_D は, $\Sigma L = E_L$, $\Sigma D = E_D$ であり, 閉合誤差 E は図 3・25 のように E_L, E_D を二辺とする直角三角形の斜辺であり

$$閉合誤差\ E = \sqrt{(E_L)^2 + (E_D)^2} \tag{3・7}$$

$$= \sqrt{(\Sigma L)^2 + (\Sigma D)^2} \tag{3・8}$$

閉合比とはトラバースの精度を表すもので, 測量結果を点検するときに用いる.

$$閉合比\ R = \frac{E}{\Sigma l} = \frac{\sqrt{(\Sigma L)^2 + (\Sigma D)^2}}{\Sigma l} \tag{3・9}$$

閉合比 R は分子を 1 とした分数で表される.

$$\Sigma l = l_1 + l_2 + \cdots + l_n\ (測線の総和)$$

〔例 3・6〕 表 3・6 (p.67) の緯距, 経距を利用する.

閉合誤差と閉合比の計算

表 3・7 計算例

測点	測線	距離 l [m]	緯距 L [m]		経距 D [m]	
			N (+)	S (−)	E (+)	W (−)
1	1-2	96.360	62.730		73.145	
2	2-3	102.100		56.458	85.070	
3	3-4	97.210		87.322		42.716
4	4-5	84.340	4.236			84.234
5	5-1	82.880	76.730			31.330
計		462.890	143.696	143.780	158.215	158.280

$\Sigma L = 143.696 - 143.780 = -0.084\ \text{m}$

$\Sigma D = 158.215 - 158.280 = -0.065\ \text{m}$

閉合誤差 $E = \sqrt{(-0.084)^2 + (-0.065)^2} = 0.106\ \text{m}$ ← 閉合しない誤差

閉合比 $R = \dfrac{E}{\Sigma l} = \dfrac{0.106}{462890} = \dfrac{1}{4\,367} \fallingdotseq \dfrac{1}{4\,300}$

3-9 骨組測量の調整

9
戸締りを きちんとしよう

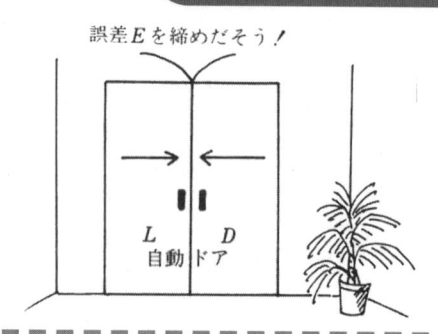

誤差 E を締めだそう！

L　D
自動ドア

トラバースの調整　　前項で学んだトラバースの閉合比が，許容範囲内であれば誤差を合理的に分配し，トラバースが閉じるように調整する．調整方法は，次の二方法がある．

■ **コンパス法則**　測線の長さに比例して誤差を分配する．

【ある測線の配分量（調整量）】

$$緯距の調整量 = 緯距の誤差 \times \frac{その測線長}{全測線長}$$

$$= \Sigma L \cdot \frac{l}{\Sigma l} \qquad (3\cdot10)$$

$$経距の調整量 = 経距の誤差 \times \frac{その測線長}{全測線長}$$

$$= \Sigma D \cdot \frac{l}{\Sigma l} \qquad (3\cdot11)$$

角の誤差＝距離の誤差の場合

セオドライト　＝　光波測距儀

■ **トランシット法則**　緯距，経距の大きさに比例して誤差を配分する．

【ある測線の配分量（調整量）】

$$緯距の調整量 = 緯距の誤差 \times \frac{その測線の緯距}{緯距の絶対値の和}$$

$$= \Sigma L \cdot \frac{L}{\Sigma |L|} \qquad (3\cdot12)$$

$$経距の調整量 = 経距の誤差 \times \frac{その測線の経距}{経距の絶対値の和}$$

$$= \Sigma D \cdot \frac{D}{\Sigma |D|} \qquad (3\cdot13)$$

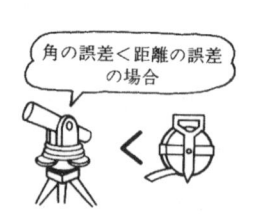

角の誤差＜距離の誤差の場合

セオドライト　＜　巻尺

戸締りをきちんとしよう

コンパス法則による調整計算

〔例 **3・7**〕表 3・7（p.69）の結果を利用して調整する．

表 3・8　〔例 3・6〕の結果

測線	距離 l [m]	緯距 L [m] N(+)	S(−)	経距 D [m] E(+)	W(−)
1-2	96.360	62.730		73.145	
2-3	102.100		56.458	85.070	
3-4	97.210		87.322		42.716
4-5	84.340	4.236			84.234
5-1	82.880	76.730			31.330
計	462.890	143.696	143.780	158.215	158.280

$\Sigma L = -0.084$ m　$\Sigma D = -0.065$ m

調整量の計算
緯距 $= \Sigma L \cdot \dfrac{l}{\Sigma l}$
経距 $= \Sigma D \cdot \dfrac{l}{\Sigma l}$
で計算し，調整する

表 3・9　調整計算

	測線	調整量の計算	調整緯距 L [m] N(+)	S(−)	調整経距 D [m] E(+)	W(−)
緯距の調整	1-2	0.084×96.360/462.890 = 0.017	62.747		73.158	
	2-3	0.084×102.100/462.890 = 0.019		56.439	85.084	
	3-4	0.084×97.210/462.890 = 0.018		87.304		42.702
	4-5	0.084×84.340/462.890 = 0.015	4.251			84.222
	5-1	0.084×82.880/462.890 = 0.015	76.745			31.318
経距の調整	1-2	0.065×96.360/462.890 = 0.013*	143.743	143.743	158.242	158.242
	2-3	0.065×102.100/462.890 = 0.014				
	3-4	0.065×97.210/462.890 = 0.014				
	4-5	0.065×84.340/462.890 = 0.012				
	5-1	0.065×82.880/462.890 = 0.012				

$\Sigma L = 0$　　$\Sigma D = 0$
$\Sigma = 0$ が戸締りだ！

（注）調整量は ΣL，ΣD ともにマイナスだから各値にプラスの補正をしてやる．

＊：四捨五入すれば 0.014 だが $\Sigma D = 0$ にするため影響の少ないところへしわ寄せをする．

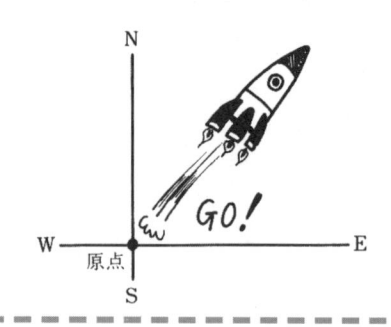

3-10 合緯距と合経距

10
原点からの出発

合緯距と合経距　合緯距・合経距とは各測線の緯距，経距を利用して，測点を一つの座標系の中の座標値として求めたものであり，点の縦座標値を合緯距，横座標値を合経距という．

　　N-S 線を X 軸（縦軸）→ 合緯距軸（図 3・26）
　　E-W 線を Y 軸（横軸）→ 合経距軸（図 3・27）

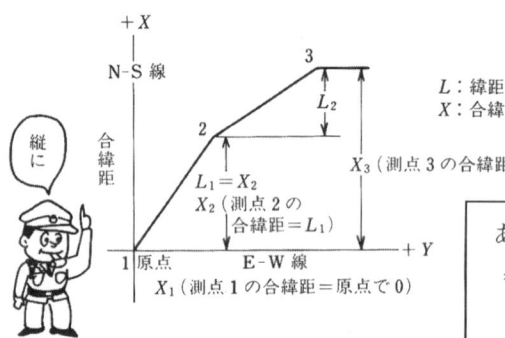

L：緯距
X：合緯距

X_3（測点 3 の合緯距＝L_1+L_2）
$L_1 = X_2$
X_2（測点 2 の合緯距＝L_1）
X_1（測点 1 の合緯距＝原点で 0）

図 3・26　合緯距

> ある測点の合緯距 X
> ＝（出発点の X 座標＋その測点までの緯距の代数和）
> 　　　　　　　　　　　　　(3・14)

Y_3（測点 3 の合経距＝D_1+D_2）
$D_1 = Y_2$
Y_2（測点 2 の合経距＝D_1）
Y_1（原点で 0）

D：経距
Y：合経距

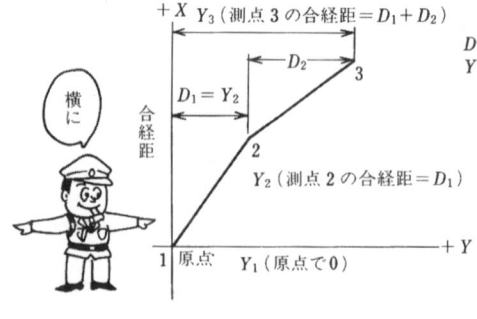

図 3・27　合経距

> ある測点の合経距 Y
> ＝（出発点の Y 座標＋その測点までの経距の代数和）
> 　　　　　　　　　　　　　(3・15)

原点からの出発

合緯距・合経距の計算

〔例 3・8〕 表 3・9（p.71）で調整された緯距，経距の値を使用する．

■ 合緯距

表 3・10　合緯距の計算

測線	調整緯距 L [m] N(+)	調整緯距 L [m] S(−)	測点	合　緯　距 計算式 (3・14)	合緯距 X [m]
1-2	62.747		1	原点で0　→	0
2-3		56.439	2	0+62.747　→	62.747
3-4		87.304	3	62.747+(−56.439)→	6.308
4-5	4.251		4	6.308+(−87.304)→	−80.996
5-1	76.745		5	−80.996+4.251　→	−76.745
			1	−76.745+76.745　→	0
計	143.743	143.743	↑		↑

└─ 閉合させて原点の値(0)を確認する ─┘

■ 合経距

表 3・11　合経距の計算

測線	調整経距 D [m] E(+)	調整経距 D [m] W(−)	測点	合　経　距 計算式 (3・15)	合経距 Y [m]
1-2	73.158		1	原点で0　→	0
2-3	85.084		2	0+73.158　→	73.158
3-4		42.702	3	73.158+85.084　→	158.242
4-5		84.222	4	158.242+(−42.702)→	115.540
5-1		31.318	5	115.540+(−84.222)→	31.318
			1	31.318+(−31.318)→	0
計	158.242	158.242	↑		↑

└─ 閉合させて原点の値(0)を確認する ─┘

原点から出発すれば原点の確認を！ダメなら再計算だ

3-11 骨組測量の製図

11 恐竜を骨格から作図してみよう

骨組の大きさを知ろう

正しい測量図（平面図）を作るためには，まず骨組図を作成しなければならない．ここではトラバース測量で計算された合緯距，合経距を利用して骨組を作図する方法について説明する．

■ 縦方向の長さのめやす

〔例 3・8〕（p.73）の値を利用する．

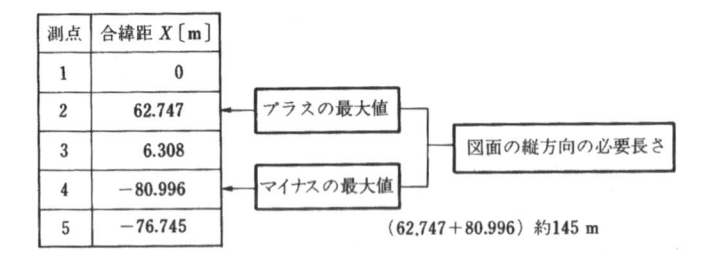

測点	合緯距 X〔m〕
1	0
2	62.747
3	6.308
4	−80.996
5	−76.745

62.747 ← プラスの最大値
−80.996 ← マイナスの最大値

図面の縦方向の必要長さ
（62.747＋80.996）約 145 m

■ 横方向の長さのめやす

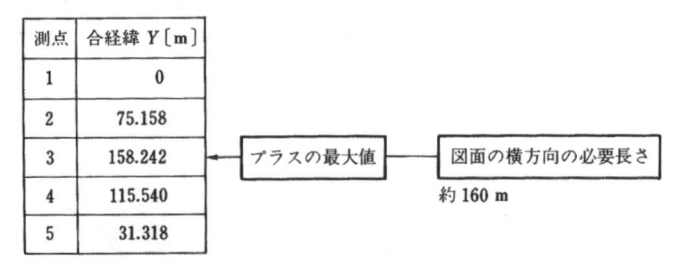

測点	合経緯 Y〔m〕
1	0
2	75.158
3	158.242
4	115.540
5	31.318

158.242 ← プラスの最大値

図面の横方向の必要長さ
約 160 m

上記より，トラバースの大きさは縦 145 m，横 160 m の範囲であるから，図面に応じて縮尺を決定する．

恐竜を骨格から作図してみよう

■ 作図の手順

① X 軸と Y 軸の必要長さを決定する（この際細部測量に必要な幅も見込む）．
② 図面に入るように原点と縮尺を決定する．
③ 原点を通り直交する座標軸 X, Y を描く．
④ 決定された縮尺により，X, Y 軸に平行に単位方眼線を作る．
⑤ 各点を合緯距，合経距の値に従ってプロットし線で結ぶ．

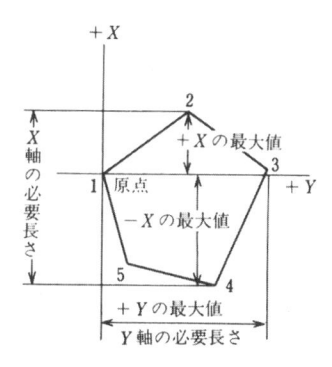

図3・28　図面の必要長さ

作　　図　　合緯距，合経距の値〔例3・8〕を利用した作図例．

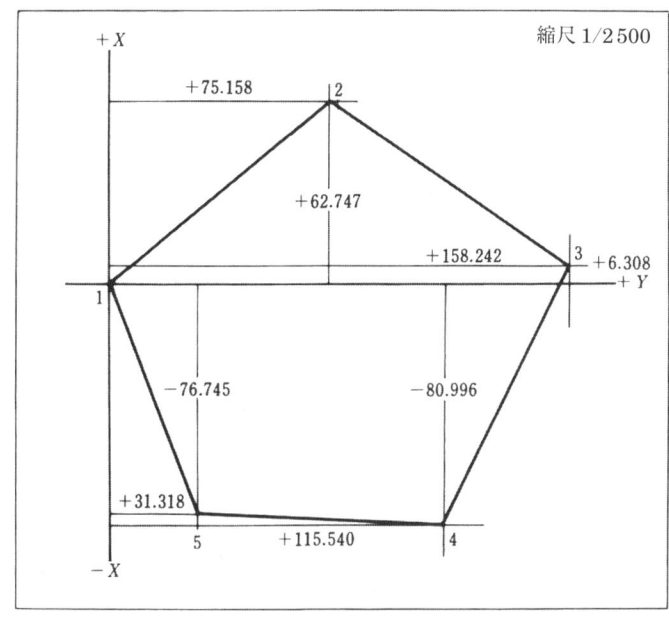

図3・29　作図例

12
平らな板で図面もらくらく

3-12 平板測量とは

> 平らな板だ！

平板測量の器具

平板測量とは図 3・30 の器具を用い現地で直接平面図を作成していく測量で，作業も簡単で早く作業を進めることができるが，高い精度は期待できない．

① 図板：図紙をはり，作図していくための平らな台で一般に約 50 cm × 40 cm のものが使われる．
② 移動器（移心装置）
③ 三脚：図板を一定の高さに保ち，水平にしたり，移動器を装備し図板を移動させたりする．
④ アリダード
⑤ 求心器と下げ振り：求心器は金属棒で作られており，これに下げ振りをつけて，図紙上の点と地上の測点を一致させるためのもの．
⑥ 磁針箱：図紙に磁北線を描くためのもの．

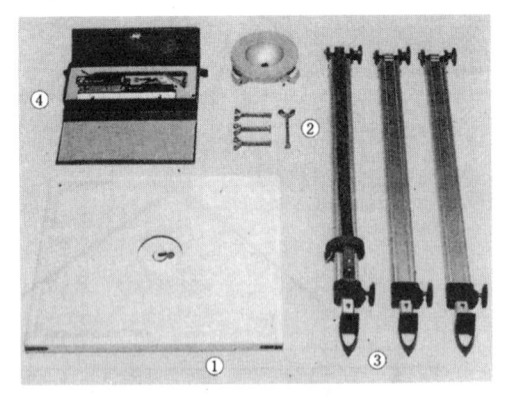

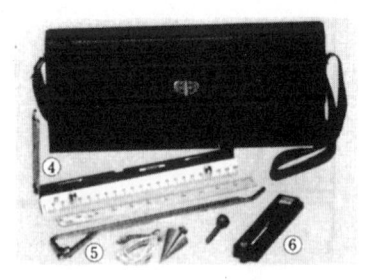

図 3・30 平板測量の器具

その他に測量針があり，地上の点に対応する図紙上の位置を示したり，アリダードをそわせる場合に用いられる．

平らな板で図面もらくらく

アリダードの取扱い

■ アリダードの働き

① 図板上で目標物を視準し，方向線を引く（図 3・31）．
② 中央の気泡管を使い，図板を水準に設置する（図 3・32）．
③ 視準板を利用して，水平距離および高低差を測定する（図 3・33）．

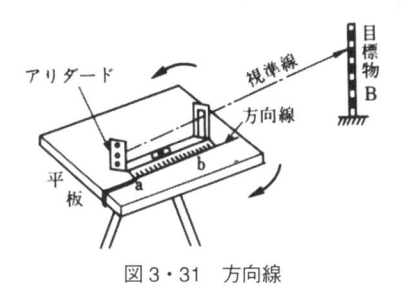

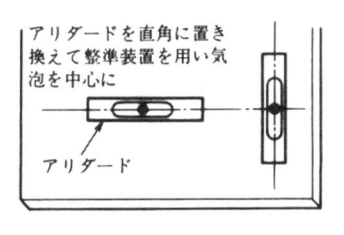

図 3・31　方向線

図 3・32　整準

アリダードの目盛

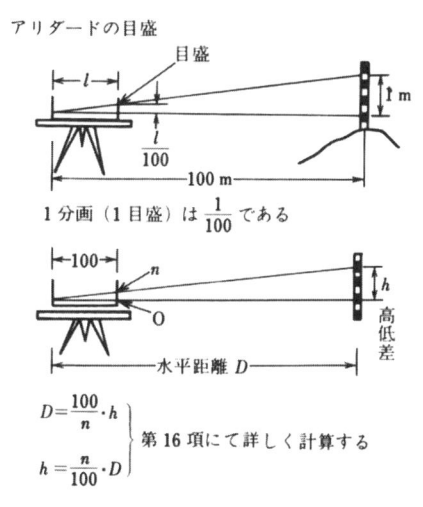

1 分画（1 目盛）は $\frac{1}{100}$ である

$$D = \frac{100}{n} \cdot h$$
$$h = \frac{n}{100} \cdot D$$

第 16 項にて詳しく計算する

図 3・33　水平距離と高低差

重要 Point　平板測量の特徴

① 作業効率が良い．
② 測量上の過失による誤差を防ぐことができる．
③ 測量の多様化に応じることができる．
④ 天候の影響を受けやすい．
⑤ 測量地域に制限を受ける．
⑥ 高い精度は期待できない．

覚えよう！

3-13 平板の標定

13
バランスが大切

平板測量を行うには，まず，平板を測点に据え付けなければならない．一般に平板の据付けには，次の3条件を満足する必要がある．この作業を平板の標定という．

平板標定の3条件

① 整準（整置）……図板を水平にすること．
② 求心（致心）……図板上の測点と地上の測点を一致させること．
③ 指向（定位）……図板上の測線の方向と地上の測線の方向とを一致させること．

■ 整　準　アリダードと脚および整準ねじ，円盤固定ねじなどを用い平板を水平にする（アリダードの気泡を中央に導く）（図3・34）．

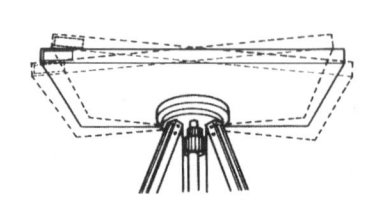

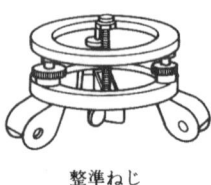

図3・34　移心装置

■ 求　心

求心器と下げ振りおよび平板移心装置を使い求心する．

縮尺に応じた許容偏心距離を知って平板を求心させる．

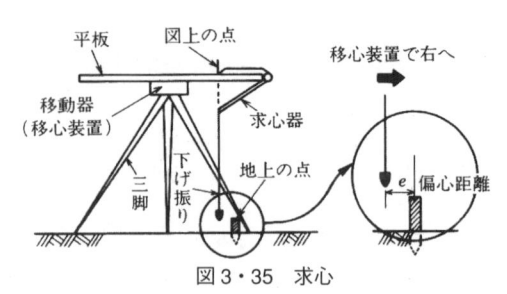

図3・35　求心

バランスが大切

■ **指　向**　アリダードによる方法と磁針による方法がある．

(a) アリダードによる方法

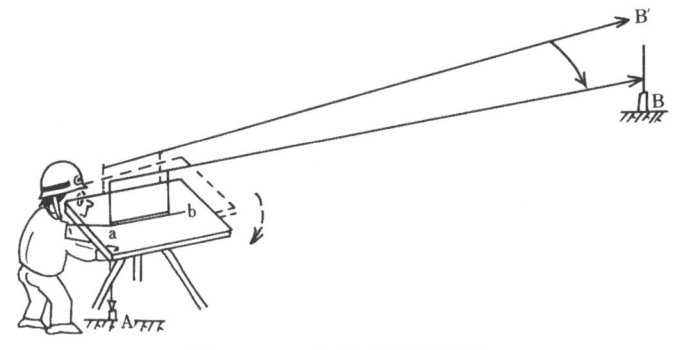

図3・36　アリダードによる指向

① A点に平板を据え付けて，整準と求心をする．
② アリダードを図上に描かれた測線 ab にあてて B 点を視準する．実際には B´ 方向を視準している．
③ B点を視準できるように平板を水平に回転させる．
④ 視準線が正しく B 点に入ったならば，視準しながら平板を固定する．

(b) 磁針による方法

磁針箱を利用し，平板を移動しても常に磁針の先端と磁針箱の指標が一致するように，図板を回転し固定する．あまり正確な指向はできないから，アリダードによる方法の補助として用いられる．

3条件のうち，指向での狂いが誤差に大きく影響を与えるため十分正確に行うようにすること．

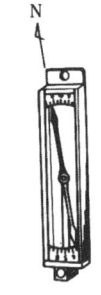

重要 Point　標定を行う場合の注意

① 三脚を使ってだいたい整準と求心を満足させる．
② 磁針箱によってだいたいの指向の見当をつける．
③ 正確な標定の繰返しで，3条件を同時に満足させる．

三つの条件は大切だ！

14 基準点から次々と

3-14 放 射 法

放射法とは

　平板測量の方法には放射法，道線法，交会法の三つがある．現場の地形，障害物の程度または測量の目的によって適当な方法を選ぶ．

　放射法とは基準点から放射状に視準線を出して作図していく方法で，骨組測量（図3・37），細部測量（図3・38）がある．

■ 骨組測量

限られた小地域の骨格図を作る場合に用いられる．

① 測点Oで平板を標定する．O点は周囲の点がすべて視準できるところとする．

② アリダードの定規縁をO点の針にあて，Aを視準し，方向線oaを引く．

③ OAの距離を実測し，適当な縮尺で図上にa点をとる．

④ 同様にして，放射状に骨組となる各点を図上に定める．

⑤ 図上に求められたa，b，c，d，eを結ぶ．

　O点（基準点）から放射状に視準線を出し作図 ➡ 放射法

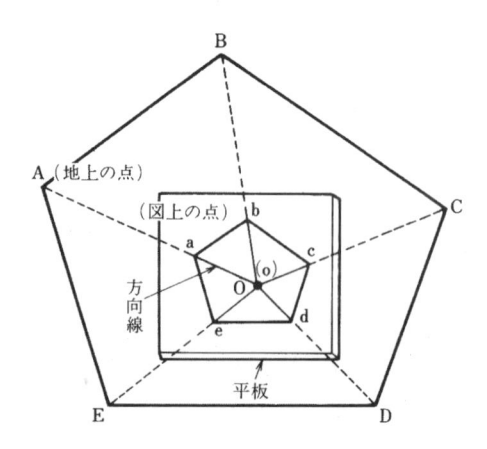

図3・37　放射法

基準点から次々と

■ **細部測量** 地上に設けられている基準点より，細部の点を測り平面図を作成する場合に用いられる（**図3・38**）．

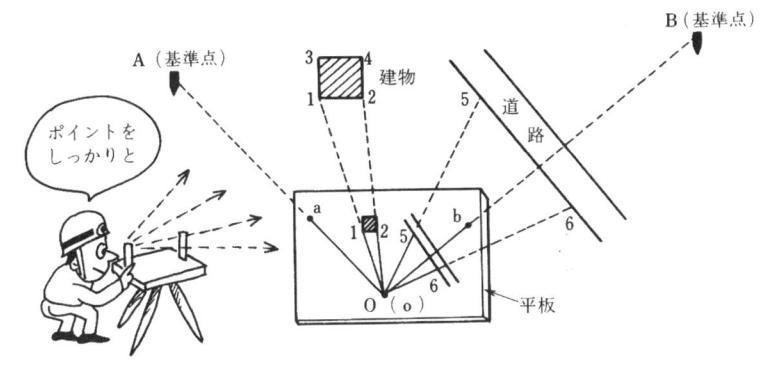

図3・38 細部測量

① 測点Oで平板を標定する．
　基準点A，B（図上のoa, ob）を使って標定する．
② 測点Oから細部の点1，2，……と順次視準し，位置を定める．
　建物など直角が確認できるものは**図3・39**のように，1，2点を視準線でおさえ3，4点はl_1，l_2を実測し図上に描く，これを家まきという．

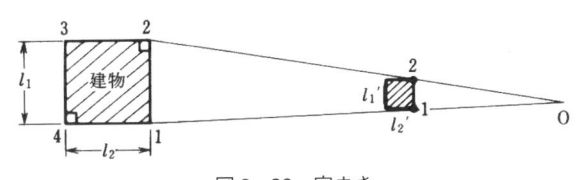

図3・39 家まき

重要 Point 放射法での注意事項

① 基準点の決定については見通しを考えること．
② 距離の測定は縮尺を考え必要なくらいとする．
③ 方向線は必要な部分だけを引く．
④ 求める点が定まれば，それが何かを記入する．
⑤ 忘れないうちに整理し図面化する．

ここはよく気をつけて！

3-15 道線法

15 家庭訪問は一軒一軒

道線法（外業）

平板によるトラバース測量で，図 3・40 に示すように各測点に平板を据えて，測線の方向と測点間の距離を測定して前進し，図上にトラバースを決めていく方法である．

① A 点（出発点）において，AB の方向線を図上に描き b を決定する．
② B 点にて平板を標定し（図上の ab 線を利用），bc 線を引き c を決定．
③ 各測点について図上に骨格の点を決定する．
④ 最終の E 点では，A 点を図上に落とし a′ とする．

a と a′ が一致すればよし，一致しなければ aa′ が誤差となる．

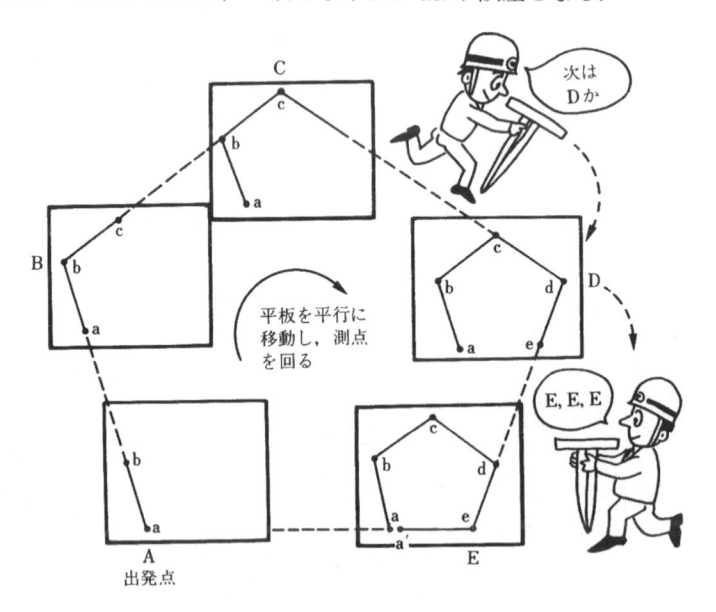

図 3・40　道線法

道線法（内業）

道線法の外業が終了すれば，内業に入る．外業ではaa′は測量の誤差などで一致しないのがふつうである．
一致しない誤差 aa′ を閉合誤差という．閉合誤差に対しては次に述べる調整をする．

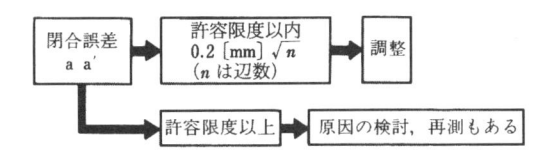

```
閉合誤差 ──→ 許容限度以内      ──→ 調整
 aa′       0.2 [mm]√n
           (n は辺数)
      └──→ 許容限度以上        ──→ 原因の検討，再測もある
```

■ 調整方法

① 直線 AA′ 上に AB，BC …… EA′ を測線長に比例してとる．
② A′ 点で閉合誤差の図上の長さを垂直に描く (aA′)．
③ a と A を結び三角形を作る．
④ 各 B，C，D，E 点より A′a 線に平行線を引く．これが各点の調整量である．
⑤ 各点の調整量をデバイダなどで移し，aa′ に平行に点をとり結ぶ．
破線で結ばれたものが調整後のトラバースである．

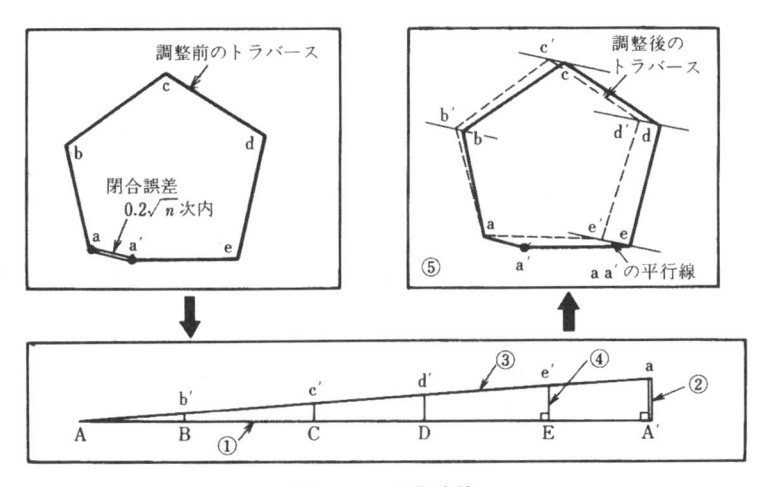

図 3・41　調整方法

3-16 平板の誤差と精度

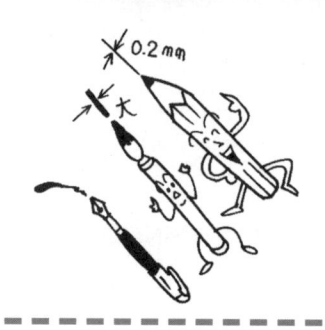

16
鉛筆の芯は 0.2 mm

平板測量の誤差

平板の標定による誤差には整準誤差，求心誤差，指向による誤差がある．

■ **整準誤差**

図板が水平でない場合に生じる誤差である．図板の傾斜は 1/200 まで許される．

■ **求心誤差**

図板上の測点と地上の測点が合致していないときに生じる誤差である．求心誤差の許容範囲 e は，次の式で求める．

$$e = \frac{q \cdot m}{2} \qquad (3 \cdot 16)$$

ただし，q：製図上の誤差で鉛筆の芯の太さ (0.2 mm)

m：図面の縮尺の分母数

表 3・12　許容範囲

縮尺	許容範囲 e [mm]	縮尺	許容範囲 e [mm]
1/100	10	1/500	50
1/250	25	1/600	60
1/300	30	1/1 000	100

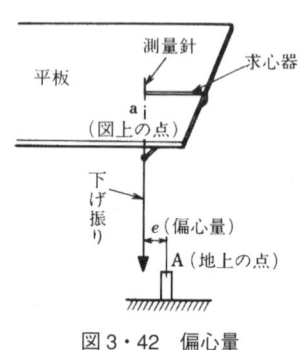

図 3・42　偏心量

■ **指向による誤差**

標定の 3 条件のうちで指向の狂いが最も誤差に影響を与える．指向は十分注意して正確に行う必要がある．

鉛筆の芯は 0.2 mm

■ 平板測量の精度　道線法の場合（国土調査法施行令）

① 閉合誤差（下図）で $0.2 \, [\text{mm}] \sqrt{n}$ （n：辺数）以内

② $\text{閉合比} = \dfrac{\text{閉合誤差}[\text{m}]}{\text{辺長の合計}[\text{m}]} = \dfrac{1}{M}$ 　　　　(3・17)

表3・13　閉合比の許容範囲

地　形	閉合比の許容範囲 $1/M$
平たん地	1/1 000 以内
緩傾斜地	1/1 000～1/500
山地または複雑な地形	1/500～1/300

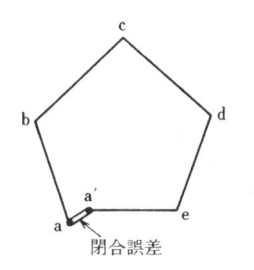

■ 平板測量の応用

■ アリダードによる高さの測定

$$\left. \begin{array}{l} H_B = H_A + I + H - h \\ \text{ただし} \\ H = \dfrac{n}{100} D \end{array} \right\} \quad (3 \cdot 18)$$

n：視準板の目盛の読み
I：平板の器械高
h：目標板の視準高
H_A, H_B：標高
D：AB 間の距離

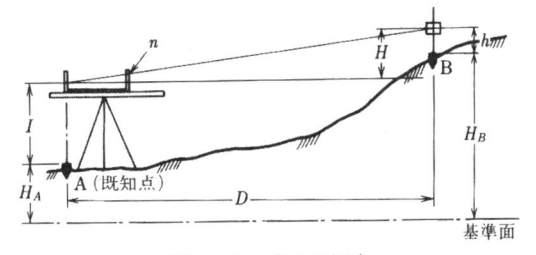

図3・43　高さの測定

■ アリダードによる距離の測定

$D = \dfrac{100}{n_1 - n_2} \cdot Z$ 　　(3・19)

n_1, n_2：B 点に立てたポール a,
　　　　b のアリダードの読み
Z：a, b の間隔

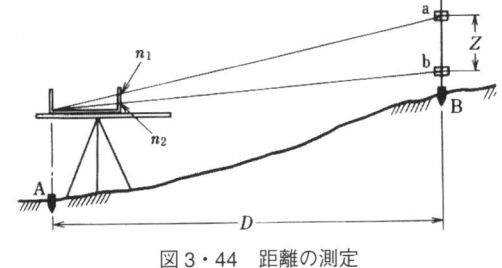

図3・44　距離の測定

3-17 電子平板

17
平板の進化—
パソコンが図板

電子平板の特徴

電子平板は，TSと接続できる小型のコンピュータで，観測データの取込み・計算・図化を行うことができる．

電子平板測量は平板測量と比べて次のような特徴がある．

■ **観測はTSやGPS測量機で行う**

アリダードや巻尺の代わりにTSなどを使用することで，起伏のある地形や広い範囲を精度良く効率的に測量することができる．また，観測点はリアルタイムに座標化され電子平板上にプロットされる．

■ **データは座標で管理される**

平板測量では観測中の図紙の縮尺変更はできないが，電子平板測量では観測した測点は全て座標化されるため，CAD上で縮尺の変更ができる．また，図根点や細部点のプロットも座標で入力するため，電子平板では縮尺による位置誤差が生じない．

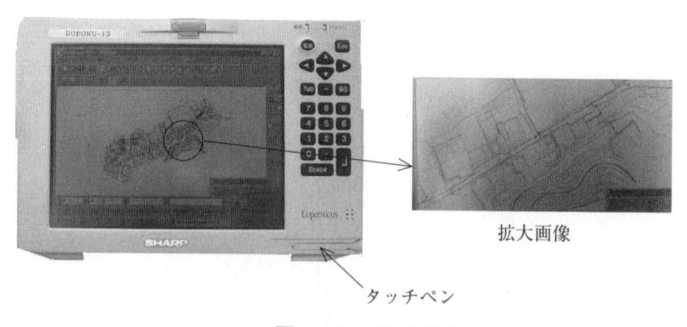

拡大画像

タッチペン

図3・45　電子平板

平板の進化 ── パソコンが図板

作図の仕方

TSを使った地形測量での作図方法にはオンライン方式とオフライン方式がある.

■ オンライン方式

TSと電子平板を接続し,電子平板上にプロットされた測点をCAD機能を使い現場で作図していく方法である.TSとの接続には有線と無線形式があり,無線形式の場合はプリズム側で作図を行うことができ,現況をより正確に図示できる.

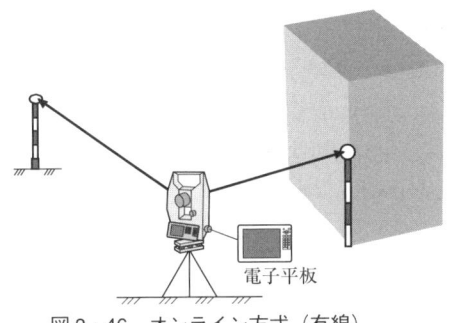

図3・46　オンライン方式(有線)

■ オフライン方式

電子平板を使わない方法であり,外業では細部点の観測のみを行う.観測データは電子野帳などに記録しておき,内業でデータの取込み・計算・図化を行う.現場で作図をしないため,地形や地物の簡単なスケッチなどが必要となることが多い.

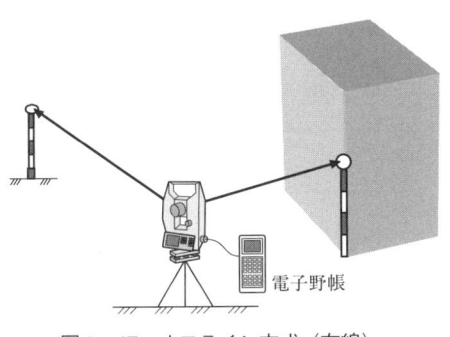

図3・47　オフライン方式(有線)

3-18 三角区分法

18 小さく分けて考える

面積は 底辺×高さ÷2

平面図にかかれた図形（閉合トラバース）を図上で三角形に分割し，おのおのの三角形の面積を求めて合計する．

■ 三斜法

区分された三角形の底辺 b，高さ h を図上で求め次の式で計算する．

$$A = \frac{1}{2} b \cdot h \qquad (3 \cdot 20)$$

三角定規で底辺に垂線を引く．
b, h は三角スケールで長さを測る．
b, h はできるだけ等しくなるように三角形を作るのがよい．

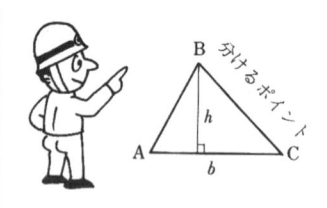

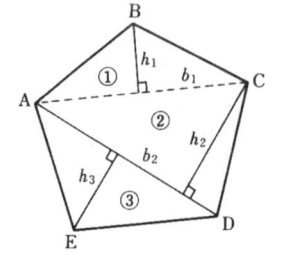

図 3・48　三斜法

表 3・14　計算表

計　算　表			
三角番号	底辺 b [m]	高さ h [m]	倍面積 $b \cdot h$
①	b_1	h_1	$b_1 \cdot h_1$
②	b_2	h_2	$b_2 \cdot h_2$
③	b_2	h_3	$b_2 \cdot h_3$
総倍面積			$\Sigma b \cdot h$
面　積			$\frac{1}{2} \Sigma b \cdot h$

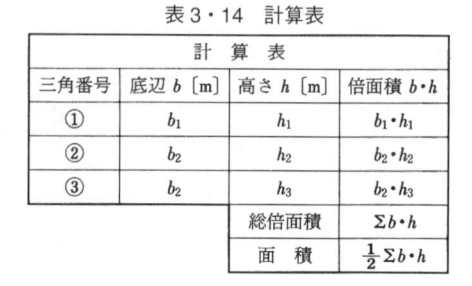

図上で分割し　表で計算

小さく分けて考える

■ ヘロンの公式（三辺法）

三角形の三辺 a, b, c がわかっている場合，次の式から面積を求める．

$$S = \sqrt{s(s-a)(s-b)(s-c)} \qquad (3 \cdot 21)$$

ただし，$s = \dfrac{1}{2}(a+b+c)$

図 3・49

〔例 3・9〕ヘロンの公式で面積を求める．

図 3・49 において，$a = 30.40\,\text{m}$，$b = 38.38\,\text{m}$，$c = 31.26\,\text{m}$ とすると，三角形 ABC の面積はいくらか．

〔解〕式 (3・21) から

$$s = \frac{1}{2}(30.40 + 38.38 + 31.26) = 50.02\,\text{m}$$

$$\text{面積 } S = \sqrt{50.02(50.02-30.40)(50.02-38.38)(50.02-31.26)}$$

$$= \sqrt{50.02 \times 19.62 \times 11.64 \times 18.76} = 462.93\,\text{m}^2$$

■ 二辺と夾角

境界線中に障害物があり距離測定ができない場合，見通しのきく O 点に機械を据え，$\alpha_1, \alpha_2, \cdots$ と距離 $a, b, c, \cdots$ を測定する．

$$\text{面積 } A = \frac{1}{2} a \cdot b \sin \alpha_1 \qquad (3 \cdot 22)$$

式 (3・22) により各三角形の面積を計算し和を求めて多角形の面積とする．

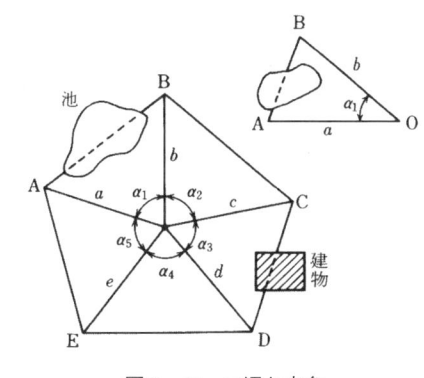

図 3・50　二辺と夾角

3-19 直角座標値による方法

19
座標による方法

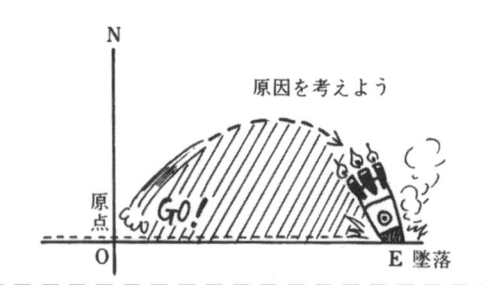

各測点の合緯距 X，合経距 Y を用いて面積を求める．

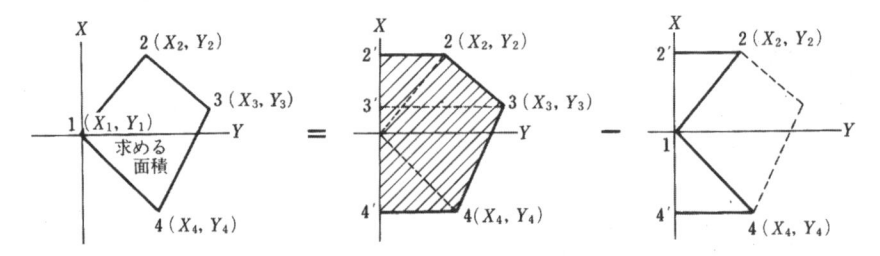

合緯距と合経距から求める

図 3・51 合緯距，合経距から面積を求める考え方

$$\text{求める面積 } S = \frac{1}{2}\{X_1(Y_2-Y_4) + X_2(Y_3-Y_1) + X_3(Y_4-Y_2) + X_4(Y_1-Y_3)\}$$

(3・23)

一般式では $X_n(Y_{n+1}-Y_{n-1})$ となり

その点の合緯距 ×{(次の測点の合経距) − (一つ前の測点の合経距)}

面積は各測点の X 座標に，その前後の Y 座標の差を掛け代数和したものを 2 で割る．

式の流れは

次ページの表で理解しよう

座標による方法

座標による面積計算

〔例 3・10〕表 3・10 〜 11 (p.73) の合緯距，合経距の値を利用して面積を求める．

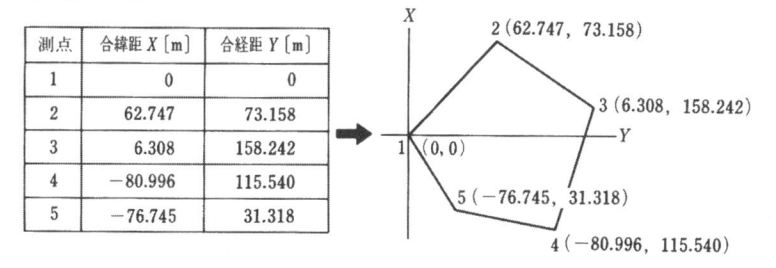

測点	合緯距 X [m]	合経距 Y [m]
1	0	0
2	62.747	73.158
3	6.308	158.242
4	−80.996	115.540
5	−76.745	31.318

2 (62.747, 73.158)
3 (6.308, 158.242)
1 (0, 0)
5 (−76.745, 31.318)
4 (−80.996, 115.540)

式 (3・23) を使用し，表 3・15 の計算表に従って計算を進める．

表 3・15 合緯距・合経距による計算

測点	① 合緯距 X_n そのまま記入する	② 合経距 Y_n	③次の測点の合経距 Y_{n+1} ②の値を自動的にずらして	④一つ前の測点の合緯距 Y_{n-1}	⑤=③−④ $(Y_{n+1}-Y_{n-1})$ 式のとおり横の欄で計算をする	⑥=①×⑤* $X_n(Y_{n+1}-Y_{n-1})$
1	0	0	73.158	31.318	41.840	0
2	62.747	73.158	158.242	0	158.242	9 929.211
3	6.308	158.242	115.540	73.158	42.382	267.346
4	−80.996	115.540	31.318	158.242	−126.924	10 280.336
5	−76.745	31.318	0	115.540	−115.540	8 867.117
			⑦** 総倍面積 $\Sigma X_n(Y_{n+1}-Y_{n-1})$			29 344.010
			⑧ 面積 $S=1/2×$⑦ [m^2]			14 672.005

*：⑥について①×⑤だから
　　測点 1 の場合　(0)×(41.840)＝0
　　測点 4 の場合　(−80.996)×(−126.924)＝10 280.336
**：⑦総倍面積は和の絶対値とする．この場合はプラスのみの合計となっている．

3-20 倍横距による方法

20 横の距離を倍にして考える

「倍にしたらどうだ！」

倍横距による面積計算

■ **横距** 各測線の中点から基準線 N-S に引いた垂線の長さ．

・M_1：測線 1-2 の横距

■ **倍横距** 横距の 2 倍をいう．$2M_1$ は測線 1-2 の倍横距である．

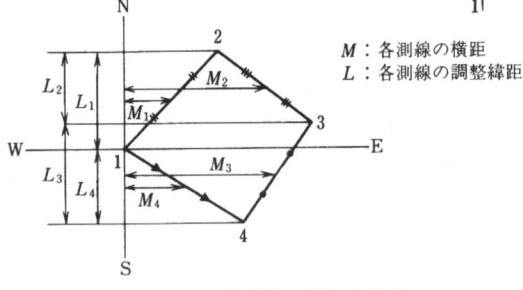

M：各測線の横距
L：各測線の調整緯距

図 3・52　各測線の横距と緯距

横距による面積計算の考え方

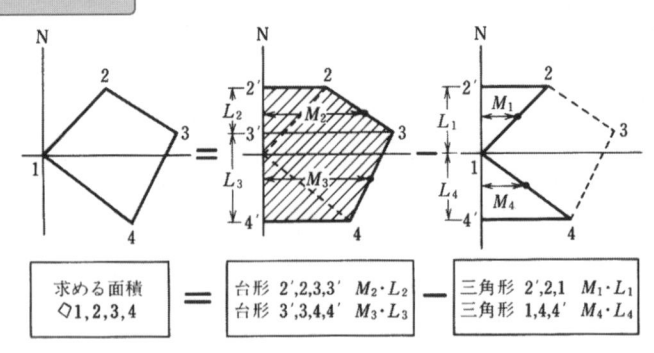

求める面積 ◇1,2,3,4	=	台形 2′,2,3,3′　$M_2 \cdot L_2$ 台形 3′,3,4,4′　$M_3 \cdot L_3$	−	三角形 2′,2,1　$M_1 \cdot L_1$ 三角形 1,4,4′　$M_4 \cdot L_4$

図 3・53　横距による面積計算の考え方

横の距離を倍にして考える

倍横距による面積計算

〔例 3・11〕 表 3・9（p.71）の調整緯距，調整経距の値を利用して倍横距を計算し面積を求める．

$$S = M_1 L_1 + M_2 L_2 + M_3 L_3 + M_4 L_4 \tag{3・24}$$

図 3・49 の場合 L_1, L_4 は正，L_2, L_3 は負となる．実際の計算の場合，式(3・24) を次のように表す．

$$S = \frac{1}{2}(2M_1 L_1 + 2M_2 L_2 + 2M_3 L_3 + 2M_4 L_4) \tag{3・25}$$

$2M$ は倍横距であり，調整経距を使って計算できる．

【倍横距の計算】

> 第 1 測線の倍横距 ＝（第 1 測線の調整経距）
> 第 2 測線以降の倍横距 ＝（前測線の倍横距）＋（前測線の調整経距）
> 　　　　　　　　　　＋（その測線の調整経距）

表 3・16　倍横距による面積計算表

測点	① 調整緯距 L [m]		② 調整経距 D [m]		③ 倍横距 [m]	④ 倍面積 ①×③ [m²]	
	N(＋)	S(－)	E(＋)	W(－)		(＋)	(－)
1	62.747		73.158		73.158	4 590.445	
2		56.439	85.084		231.400		13 059.985
3		87.304		42.702	273.782		23 902.264
4	4.251			84.222	146.858	624.293	
5	76.745			31.318	*31.318	2 403.500	
計	143.743	143.743	158.242	158.242		7 618.238	36 962.249

総倍面積は和の絶対値→	総倍面積[m²]	29 344.011
総倍面積×$\frac{1}{2}$→	面　積[m²]	14 672.006

検算

表の＊のところ｛最終測線の調整経距と倍横距の絶対値が等しいこと！｝

21 面積も損得勘定で

3-21 曲線部の測定

アイスクリームも盛り方で

| 境界が不規則な曲線の場合 |

ここではトラバースと曲線（境界線）の面積について考える（トラバースの計算は **19, 20** 項参照）．

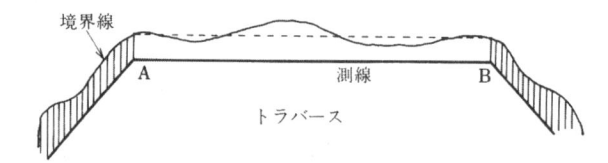

■ **オフセットの取り方** （オフセットについては p.32 参照）

トラバースの測線から変化している点をおさえてオフセットする．

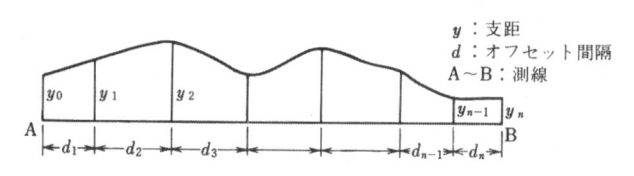

y：支距
d：オフセット間隔
A〜B：測線

図 3・54　オフセットの取り方

■ **面積の計算法**

① 台形法則：測線上でオフセットと境界線に囲まれる部分をそれぞれ台形と考える．

図 **3・54** より台形法則を用いて

$$A = d_1\left(\frac{y_0+y_1}{2}\right) + d_2\left(\frac{y_1+y_2}{2}\right) + \cdots + d_n\left(\frac{y_{n-1}+y_n}{2}\right)$$

もし，$d_1 = d_2 = \cdots = d_n = d$ とすると

$$A = d\left(\frac{y_0+y_n}{2} + y_1 + y_2 + \cdots + y_{n-1}\right) \quad (3・26)$$

面積も損得勘定で

② シンプソン第一法則：オフセットを等間隔に入れ，オフセットの2区間を一組として計算する．

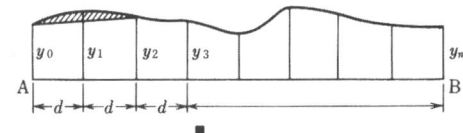

台形部分 $A_1 = \left(2d \times \dfrac{y_0 + y_2}{2}\right)$

放射線部分 $A_2 = \dfrac{2}{3}\left(y_1 - \dfrac{y_0 + y_2}{2}\right)2d$

図3・55 シンプソンの法則

$A' = A_1 + A_2 = \left(2d \times \dfrac{y_0 + y_2}{2}\right) + \dfrac{2}{3}\left(y_1 - \dfrac{y_0 + y_2}{2}\right)2d$

$= \dfrac{d}{3}(y_0 + 4y_1 + y_2)$

全体の面積 $A = \dfrac{d}{3}\{y_0 + y_n + 4(y_1 + y_3 + \cdots + y_{n-1}) + 2(y_2 + y_4 + \cdots + y_{n-2})\}$

(3・27)

③ 方眼目盛による方法：方眼の目数を数える．

図3・55 の場合，縮尺は 1/50 000 だから方眼1マスの面積は $0.25\,\mathrm{km}^2$ に相当する．したがって方眼の数を数えて面積を概算することができる．ただし，境がマス目を切る地域は，半マスとして計算する．全マスは282個，半マスは85個である．したがって面積は次のように概算される．

$0.25\,\mathrm{km}^2 \times 282 + 0.25\,\mathrm{km}^2 \times \dfrac{1}{2} \times 85 = 81.125\,\mathrm{km}^2 ≒ 81\,\mathrm{km}^2$

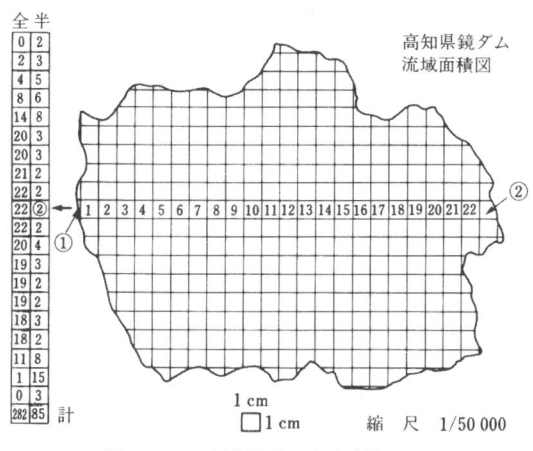

図3・56 方眼目盛による方法

22 曲線部もらくらく走行

3-22 プラニメータによる測定

プラニメータとは面積計

プラニメータは図形の外周線が不規測な形をしている場合や，直接地図上で面積を求める場合に用いられる器械である．従来は固定式が用いられたが，最近では移動式がよく用いられている．

（a） 固定式（ポーラ型）

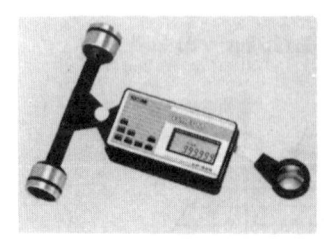

（b） 移動式（ローラ型）

図3・57　プラニメータ

表3・17　単位面積定数表（PLACOM KP-92）

縮尺	単位面積定数	
	メートル系	坪系
1：1	$0.1\ cm^2$	—
1：100	$0.1\ m^2$	0.03025 坪
1：200	$0.4\ m^2$	0.121 坪
1：250	$0.625\ m^2$	0.18906 坪
1：300	$0.9\ m^2$	0.27225 坪
1：500	$2.5\ m^2$	0.75625 坪
1：600	$3.6\ m^2$	1.089 坪
1：1 000	$10\ m^2$	3.025 坪
1：2 500	$62.5\ m^2$	18.90625 坪
1：5 000	$250\ m^2$	75.625 坪
1：10 000	$1\ 000\ m^2$	1.0083 反
1：50 000	$0.025\ km^2$	25.2083 反

〔**例3・12**〕ローラ型プラニメータを使って，直径200 m の円の面積を，縮尺1：500 の図面上で測定した．目盛の読み数は 12 559 あった．円の面積を求めよ．

〔**解**〕単位面積定数は表3・17 より $2.5\ m^2$ であるから，求める面積は
$$S = 12\ 559 \times 2.5 = 31\ 397.5\ m^2$$
となる．計算では，次式のようになる．
$$3.1416 \times 100^2 = 31\ 416\ m^2$$

曲線部もらくらく走行

プラニメータによる測定

測定には次のような方法がある．

① 測定レンズで図形の境界線に沿ってローラを移動させ一周させる．

② 一周したときの表示目盛を読み取る．

③ 読取り値に係数（図面の縮尺に対する）を乗じて面積を求める．

プラニメータの精度は±0.2％ぐらいが期待できる．測定範囲には制限があるので，図面は測定するのに適した大きさに描かれていることが望ましい．

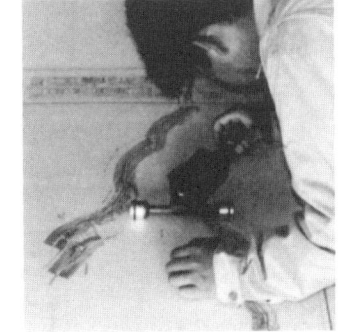

図3・58　プラニメータによる測定

キルビメータ

キルビメータは面積測定用具ではないが，距離の図上測定用具として地図，図面上の長さ距離をすばやく測定することができる．特に曲線部の距離測定に用いる．**図3・59** のような種類があるが，いずれも所要区間の経路をたどれば，その指示数が経路の長さを示す．

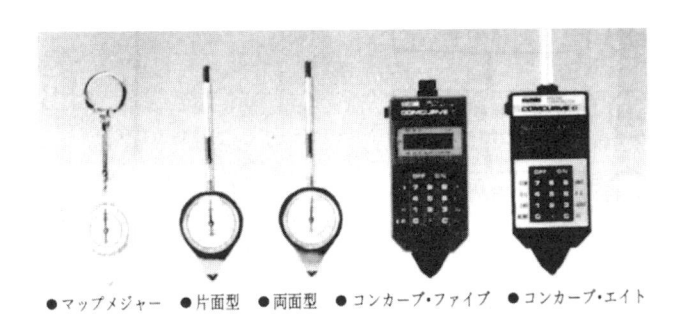

●マップメジャー　●片面型　●両面型　●コンカーブ・ファイブ　●コンカーブ・エイト

図3・59　キルビメータの種類

3章のまとめ

　平面測量とは，電子セオドライトによる骨組測量，平板による細部測量など測量の基本となるものである．

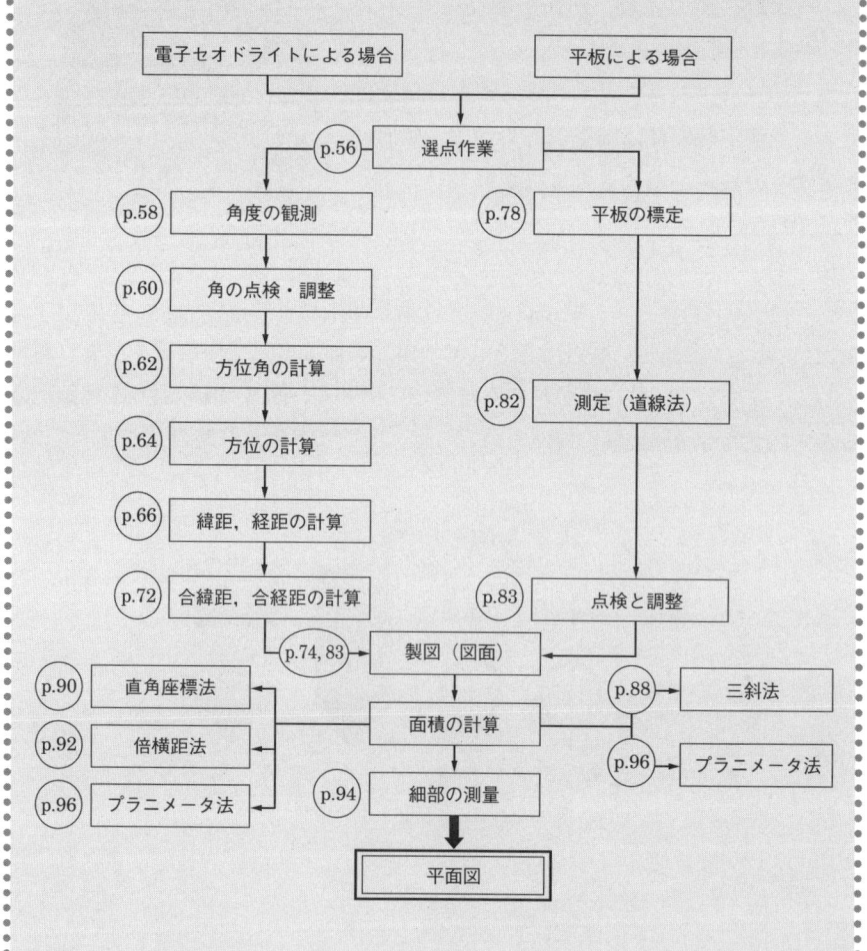

```
┌─────────────────────────┐      ┌─────────────────┐
│ 電子セオドライトによる場合 │      │  平板による場合  │
└──────────┬──────────────┘      └────────┬────────┘
           │            (p.56) ┌─選点作業─┐         │
           │                   └──────────┘         │
     (p.58) 角度の観測              (p.78) 平板の標定
     (p.60) 角の点検・調整
     (p.62) 方位角の計算
     (p.64) 方位の計算              (p.82) 測定（道線法）
     (p.66) 緯距，経距の計算
     (p.72) 合緯距，合経距の計算    (p.83) 点検と調整
                  │
              (p.74, 83) 製図（図面）
```

- (p.90) 直角座標法
- (p.92) 倍横距法
- (p.96) プラニメータ法

面積の計算

- (p.88) 三斜法
- (p.96) プラニメータ法

(p.94) 細部の測量 → 平面図

高低の測量

4章

　高低測量は水準測量ともいわれ，主にレベルを用いて2点間の高低差や，多くの地点の地盤高を測定したり，一定の高さを確認するための測量である．

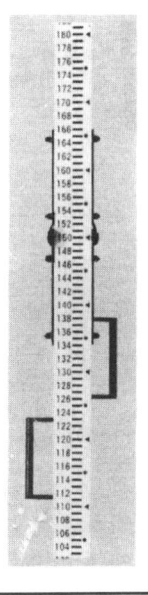

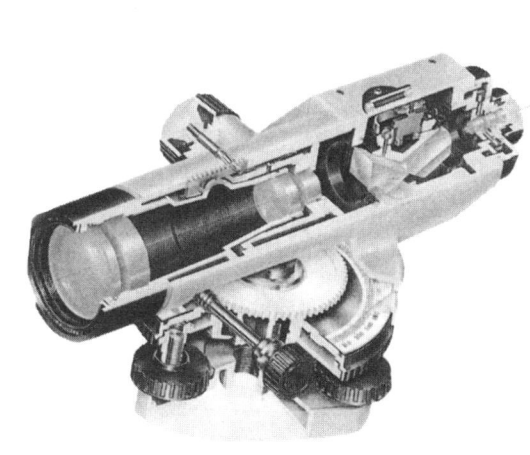

4-1 高低測量とは

1 富士山はなぜ日本一の山か

富士も石鎚もここからの高さ

東京湾平均海面（基本水準面）

高さの基準は

水準面とは**図4・1**に示すように静止している海面やこれに平行な曲面をいう．

■ **基本水準面（基準面）**

高低測量において，点の高さを表す基準となる水準面をいう．

標高……一般的に基本水準面からの高低をいう．

■ **水準原点と水準点**

① 水準原点……日本の陸地の高さの基準となる点をいう．東京湾平均海面を±0とし，ここから陸地へ24.4140mのところに水準原点を定めている．

図4・1 水準面と水平面

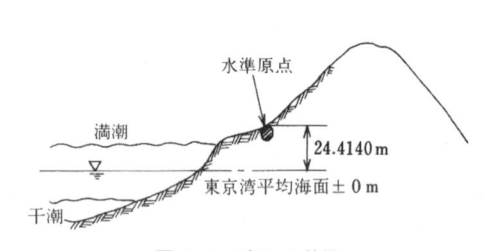

図4・2 高さの基準

日本水準原点（東京都千代田区永田町）

② 水準点……水準点（ベンチマーク：B.M.）とは標高を示す点であり，測量を行う場合の基準となり水準原点より実測される．

国道や県道沿いに1～2kmごとに設置されている．

富士山はなぜ日本一の山か

高低測量とは水準測量ともいう

地形を立体的に表すには，高低差を測ることが必要になる．地表面の高低差を測る測量を，高低測量または水準測量という．

■ 水準測量の分類

① 方法による分類

　直接水準測量…レベルと標尺によって直接高低差を求める方法．

　間接水準測量…測角用器具を用い鉛直角を測定し，計算で高低差を求める方法（p.26 参照）．

② 目的による分類

　高低差水準測量…必要な 2 点間の高低差を測る測量．

　縦・横断測量…鉄道，道路，河川など一定の路線に沿って順次縦，横方向に必要な地点の高低差を測定し，縦・横断面図をつくる測量．

③ 基本測量による分類

　すべて国土地理院で行われるもので一等，二等，三等水準測量，測標水準測量，渡海(河)水準測量などがある．

ここでは，直接水準測量について説明する．

■ 直接水準測量（図 4・3）

① 高低差…A 点と B 点の高さの差をいう．標尺の読みの差 $(a-b)$

② 地盤高…A 点の地盤高 H_A がわかっているとき B 点の地盤高 H_B は

　　$H_B = H_A + (a-b)$ で求められる．

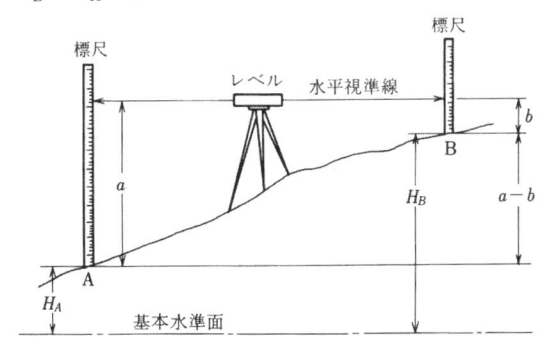

図 4・3　直接水準測量

2 水平線を求める

4-2 器具と用語

「水平が基本だ！」

スタッフ — 水平 — レベル — 三脚

水準測量の器具

水準測量で大切な器具は，水平を求める器具である．水平を求める器具をレベル（水準儀）といい，長さの目盛のついた用具をスタッフ（標尺）という．

■ 水準測量の用具の説明

【標尺（スタッフ）】

【水準儀（レベル）】

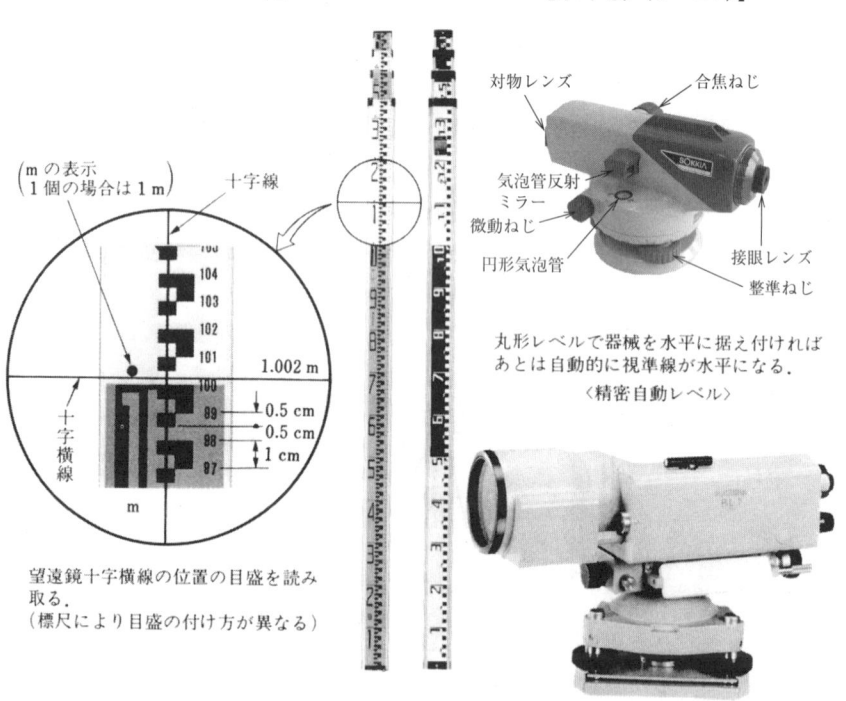

（mの表示 1個の場合は1m）
十字線
104
103
102
101
1.002 m
100
99　0.5 cm
98　0.5 cm
97　1 cm
十字横線

望遠鏡十字横線の位置の目盛を読み取る．
（標尺により目盛の付け方が異なる）

対物レンズ　合焦ねじ
気泡管反射ミラー
微動ねじ
円形気泡管
接眼レンズ
整準ねじ

丸形レベルで器械を水平に据え付ければあとは自動的に視準線が水平になる．

〈精密自動レベル〉

〈ティルティングレベル（1級水準儀）〉

図4・4　水準測量の用具

水平線を求める

水準測量の主な用語

■ 昇降式

図（昇降式：A（B.M.、水準点 bench mark、既知の標高 H_A）→ B（後視 back sight B.S.、前視 fore sight F.S.、標尺台）→ C、レベル、進行方向）

■ 器高式

図（器高式：器械高 instrument hight、B.S.、I.H.、F.S.、I.P.、T.P.、もりかえ点 turning point、中間点 intermediate point、地盤高 ground height G.H.、既知の標高 H_A、A B.M.）

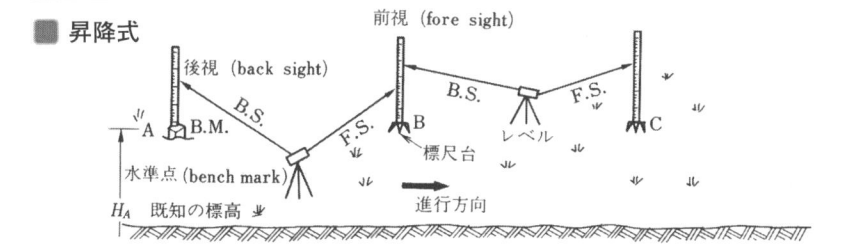

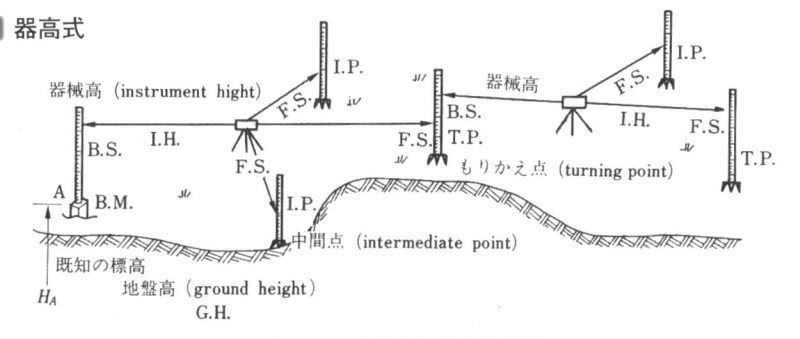

図4・5 水準測量の主な用語

■ 用語の説明

- 後視（back sight）B.S. …標高の知られている点（既知点）に立てた標尺の読み
- 前視（fore sight）F.S. …標高を求めようとする点（未知点）に立てた標尺の読み
- 器械高（instrument height）I.H. …望遠鏡（レベル）の視準線の標高
- もりかえ点（turning point）T.P. …レベルを据え換えるため前視と後視をともにとる点（移器点）
- 中間点（intermediate point）I.P. …その点の標高をとるために標尺を立て前視のみをとる点
- 地盤高（ground height）G.H. …地表面の標高
- 高低差（比高）…2点間の標高の差

（よく覚えておくように）

4-3 昇降式

3 階段を昇ったり降りたり

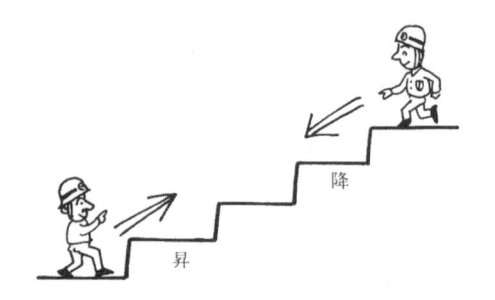

昇降式による高低測量とは

高低（水準）測量の記帳方法 { (1) 昇降式 (2) 器高式 } 2方法がある．

■ **昇降式** 標高のわかっている点（既知点）からの昇（上り），降（下り）によって標高のわからない点（未知点）の高低差，すなわち標高を求める方法をいい，起伏が激しくて見通しの悪い地形に適している．

H = B.S. − F.S. = 2.000 − 0.800 = + 1.200 m（昇）
→ B点がA点より高い（図 4・6 (a)）．

H = 0.800 − 2.000 = − 1.200 m（降）→ B点がA点より低い（図 4・6 (b)）．

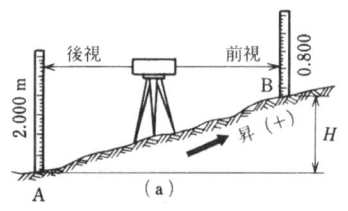

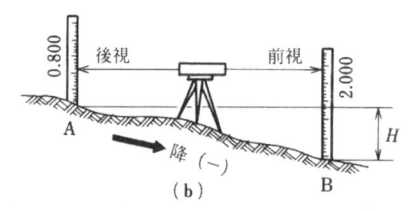

図 4・6　昇降式（単位：m）

■ **作業手順** 図 4・7 のようにA点からE点までの高低差を求めたい場合は次の手順による．

① A，B点のほぼ中点にレベルを据え付け，A点に立てた標尺を視準する（視準すると 2.800 m であり **表 4・1** のA点後視の欄に記入ⓐ）．

② 次にレベルの位置はそのままにして回転させ，B点の標尺を視準する（視準すると 0.800 m であり表 4・1 のB点前視の欄に記入ⓑ）．

③ 次にB点の標尺はそのままにして，レベルをB，C点のほぼ中点に据え付け①，②と同様の操作をE点まで行い，野帳に記入していく（表 4・1 を参照）．

階段を昇ったり降りたり

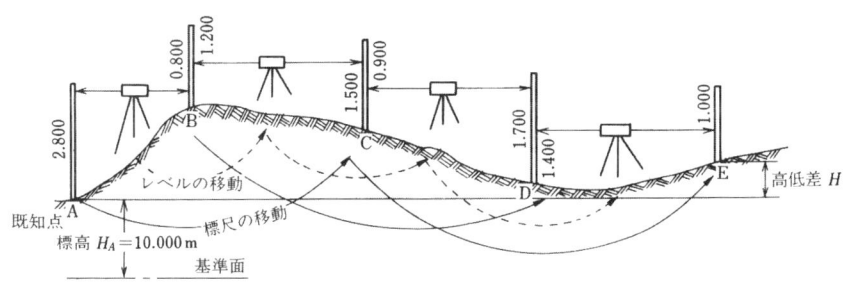

図4・7 作業手順

■ 昇降式野帳の記入例(図4・7より)

　求める点の標高＝既知点の標高＋高低差

表4・1　昇降式による野帳の記入例　　　（単位：m）

測点	後視(B.S.)	前視(F.S.)	昇(＋)	降(－)	標高 H	備　考
A	ⓐ 2.800				10.000	A点の標高を
B	1.200	ⓑ 0.800	2.000		12.000	10.000 m とする
C	0.900	1.500		0.300	11.700	
D	1.400	1.700		0.800	10.900	
E		1.000	0.400		11.300	E点の標高は
計	6.300	5.000	2.400	1.100		11.300 m となる

【表の計算】

　　各点の標高＝既知点の標高＋（既知点の B.S. － 求める点の F.S.）

　　$H_A = 10.000$ m …既知点

　　$H_B = H_A + (ⓐ - ⓑ) = 10.000 + (2.800 - 0.800) = 12.000$ m

　　$H_C = H_B + (B 点の B.S. - C 点の F.S.) = 12.000 + (1.200 - 1.500) = 11.700$ m

　　　⋮

　　$H_E = H_D + (D 点の B.S. - E 点の F.S.) = 10.900 + (1.400 - 1.000) = 11.300$ m

【検　算】

　　$\Sigma \text{B.S.} - \Sigma \text{F.S.} = \Sigma 昇 - \Sigma 降 = H_E - H_A$

　　$6.300 - 5.000 = 2.400 - 1.100 = 11.300 - 10.000$

　　　　　　　　$= 1.300$ m ← O.K

【最終測点（E点）だけを求めたい場合】

　　$H_E = H_A + (\Sigma \text{B.S.} - \Sigma \text{F.S.}) = 10.000 + (6.3000 - 5.000) = 11.300$ m

4 望遠鏡もってひと回り

4-4 器高式

■ 器高式

器高式による高低測量とは

基本水準面から器械（レベル）までの高さ（器械高）によって未知点の標高（地盤高）を求める方法であり，見通しのよい平たん地に適している．

図4・8に示すように器械高（I.H.）は，基本水準面からの高さである標高 H_A と後視（B.S.）を加えたものである．ゆえに，求めたい標高 H_B は器械高から前視（F.S.）を引いて求められる．

$$I.H. = H_A + B.S. \qquad H_B = I.H. - F.S.$$

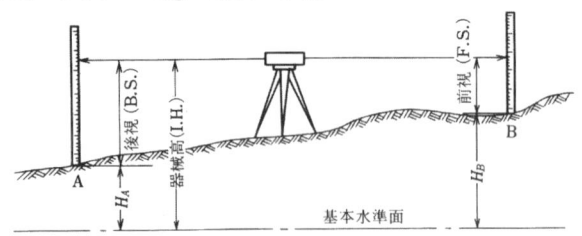

図4・8 器高式

■ 作業手順

図4・9においてA～C点までの高低差を求めたい場合は次の手順による．

① レベルをできるだけ能率よく測量のできる地点に据え付け，A点を視準する（視準すると2.200mであり表4・2 A点後視の欄に記入するⓐ）．

② 次に点A+10の中間点を視準する（1.600mを表4・2の前視中間点に記入するⓑ）．

③ 続いてB点を視準する（0.700mを表4・2の前視もりかえ点に記入するⓒ）．

④ 次にレベルを移動し，B点を視準（後視）する．以下同様に①～③の操作をC点まで繰り返す．野帳に記入して整理する（表4・2参照）．

望遠鏡もってひと回り

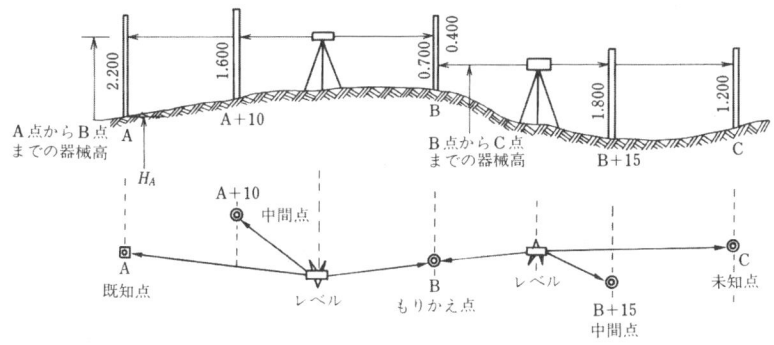

図4・9　器高式（単位：m）

■ 器高式野帳の記入例（図4・9より）

表4・2　器高式による野帳記入例　　（単位：m）

測点	後視(B.S.)	器械高(I.H.)	前視 (F.S.) もりかえ点(T.P.)	前視 (F.S.) 中間点(I.P.)	標高 H	備　考
A	ⓐ 2.200	12.200	(＋)		10.000	H_A の標高を 10.000 m とする
A＋10				ⓑ 1.600	10.600	
B	0.400	11.900	ⓒ 0.700 (＋)		11.500	
B＋15			(－)	1.800	10.100	
C			1.200＊		10.700	
計	2.600		1.900			

＊：最終測点（C点）の F.S. は T.P. 欄に記入すること．

【表の計算】

A点の器械高 I.H. ＝ A点の標高＋A点の B.S. ＝ 10.000＋2.200
　　　　　　　　＝ 12.200 m

（A＋10）の標高 ＝ I.H. －（A＋10）の F.S. ＝ 12.200－1.600 ＝ 10.600 m

B点の標高 ＝ I.H. － B点の F.S. ＝ 12.200－0.700 ＝ 11.500 m

B点の器械高 I.H. ＝ B点の標高＋B点の B.S. ＝ 11.500＋0.400 ＝ 11.900 m

【検　算】

ΣB.S. － ΣT.P. ＝ C点の標高－A点の標高

2.600－1.900 ＝ 10.700－10.000 ＝ 0.700 m

これで O.K !

4-5 交互水準測量

5 お互い協力し合って

よろしく！

交互水準測量とは

河川や谷を横断して高低測量を行う場合，レベルを2測点の中点に据え付けることができないため，測量の結果が不正確になりやすい．このような場合，両岸から交互に高低差を測り，その平均値を求める方法を交互水準測量という．

■ 誤差の消去

図 4・10 において一定の距離 AC = BD = l として，C，D 点にレベルを据え付け，標尺の読みを a_1，b_1 および a_2，b_2 の結果を得たとする．視準誤差によって a_1，b_1 に生じる誤差を e_1，e_2 とし a_2，b_2 に生じる誤差を e_1'，e_2' とすれば

高低差は C 点で $H = (a_1 - e_1) - (b_1 - e_2)$
　　　　　D 点で $H = (a_2 - e_2') - (b_2 - e_1')$

しかし，$e_1 = e_1'$，$e_2 = e_2'$ となるから高低差は，上の式を加えると

$2H = (a_1 - b_1) + (a_2 - b_2)$

∴　高低差 $H = \dfrac{(a_1 - b_1) + (a_2 - b_2)}{2}$ 　　　　　(4・1)

となる．同時の観測をすることで，光の屈折の影響，視準線の誤差を取り除いた高低差 H が得られる．

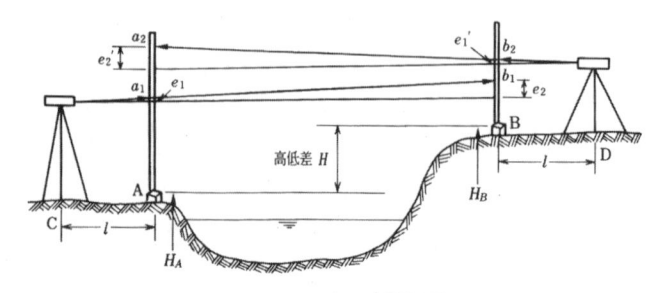

図 4・10　交互水準測量

〔例 4・1〕 図 4・11 において

$a_1 = 1.865$ m　　$b_1 = 1.065$ m
$b_2 = 2.140$ m　　$a_2 = 2.952$ m

の結果を得た．測点 A，B の高低差を求めよ．

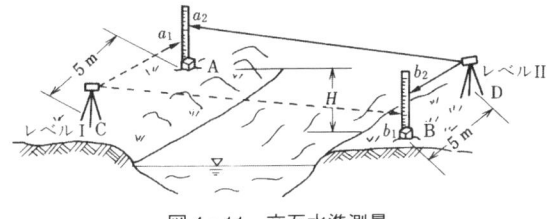

図 4・11　交互水準測量

〔解〕高低差は式 (4・1) から

$$H = \frac{(1.865 - 1.065) + (2.952 - 2.140)}{2} = 0.806 \text{ m}$$

許容誤差

水準測量において，往復測定の誤差が許容誤差以内であれば平均をとる．標高既知の各点からある測点の標高を求めるときは，各路線の持つ誤差は測定距離を L とすれば，$\sqrt{L}$ に比例する．

表 4・3　建設省公共測量作業規定の許容誤差（単位：mm）

区　分	往復差	閉合させたときの環の閉合差	既知点から既知点までの閉合差
1 級水準測量	$2.5\sqrt{L}$	$2\sqrt{L}$	$3\sqrt{L}$
2 級水準測量	$5\sqrt{L}$	$5\sqrt{L}$	$6\sqrt{L}$
3 級水準測量	$10\sqrt{L}$	$10\sqrt{L}$	$12\sqrt{L}$
4 級水準測量	$20\sqrt{L}$	$20\sqrt{L}$	$25\sqrt{L}$
簡易水準測量	—	$40\sqrt{L}$	$50\sqrt{L}$

（注）L は測定距離（片道）（単位：km）

重要 Point　高低測量をするにあたっての基本的事項

① 標尺は鉛直に立て，左右にもずれないこと．
② レベルの据付け位置はなるべく両標尺を結ぶ直線上で，両標尺からの距離が等しくなる点を選ぶようにする．
③ レベル，標尺とも地盤の固いところを選んで設置する．

4-6 誤差と精度

6 間違いを捜せ

誤差が発生した場合の調整方法

■ 往復測定の標高の調整計算例

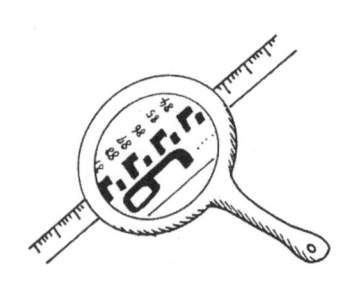

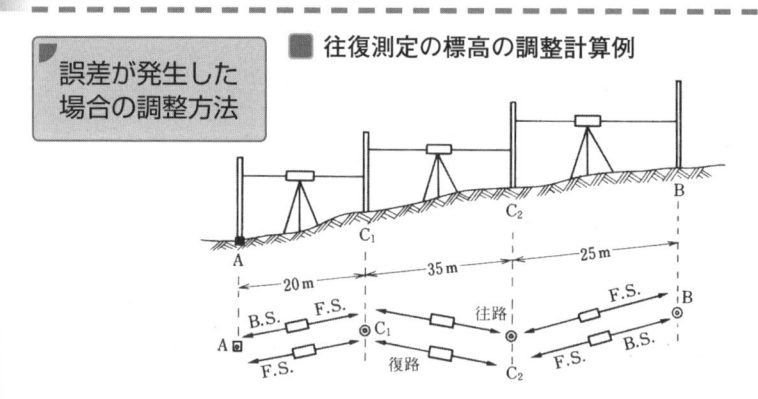

図4・12 往復測定の場合

表4・4 往復測定の記入例

測点	距離	後視	前視	昇(+)	降(−)	標高 H	備考
A	0.000	2.132				10.000	A点の標高 10.000 m
C_1	20.000	2.054	1.864	0.268		10.268	とする.
C_2	35.000	3.260	1.520	0.534		10.802	Σ 後視=7.446
B	25.000		1.428	1.832		12.634	$-\Sigma$ 前視=4.812
計	80.000	7.446	4.812	2.634			2.634
B	0.000	1.562				12.634	
C_2	25.000	1.368	3.396		1.834	10.800	Σ 後視=4.754
C_1	35.000	1.824	1.903		0.535	10.265	$-\Sigma$ 前視=7.392
A	20.000		2.093		0.269	9.996	−2.638
計	80.000	4.754	7.392		2.638		

(単位:m)

【調整計算】

① 往復の測定高低差の較差

$2.634 - 2.638 = -0.004\,\mathrm{m} < 許容誤差\ 20\sqrt{S} = 0.0056\,\mathrm{m}$ (**表4・3**参照)

間違いを探せ

許容範囲内であることを確認し調整する．

② 調整高低差（平均値でよい）
   A，B 点の調整高低差 = $(2.634 + 2.638)/2 = 2.636$ m
③ B 点の調整標高 = $10.000 + 2.636 = 12.636$ となる．

■ 同一点に閉合している標高の調整計算例

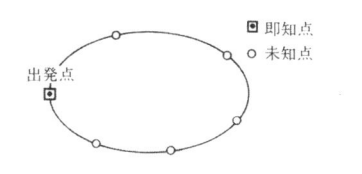

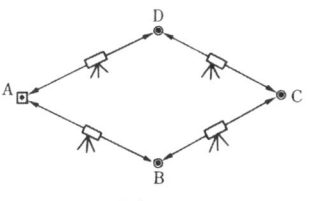

図 4・13 同一点に閉合している場合

表 4・5 閉合している場合の記入例

測点	距離	後視	前視	昇	降	測定標高	調整量	調整標高	備　考
A	0.00	2.120				10.000	0.000	10.000	A点の標高を 10.000 m とする
B	30.00	3.542	2.011	0.109		10.109	−0.001	10.108	
C	15.00	1.890	2.246	1.296		11.405	−0.001	11.404	
D	20.00	2.348	2.890		1.000	10.405	−0.002	11.403	
A′	35.00		2.750		0.402	10.003	−0.003	10.000	
計	100.00	9.900	9.897	1.405	1.402				

（単位：m）

【調整計算】

① 閉合誤差 = ΣB.S. − ΣF.S. = $9.900 - 9.897$
   = 0.003 m（閉合していれば 0 でなければいけない）

閉合誤差 0.003 m ＜ 許容誤差 $10\sqrt{S} = 0.0031$ m を確認し調整に入る．

② 調整計算

$$\text{各測点の調整量} = -\text{閉合誤差} \times \frac{\text{出発点からの距離}}{\text{距離の総和}} \quad (4・2)$$

B 点の調整量 $d_B = -0.003 \times 30.00 \div 100.00 \fallingdotseq -0.001$ m
C 点の調整量 $d_C = -0.003 \times 45.00 \div 100.00 \fallingdotseq -0.001$ m
D 点の調整量 $d_D = -0.003 \times 65.00 \div 100.00 \fallingdotseq -0.002$ m
A′点の調整量 $d_{A'} = -0.003 \times 100.00 \div 100.00 \fallingdotseq -0.003$ m

表 4・5 の調整量の欄に記入する．

4-7 電子レベル

7 電子の目で測る

電子レベルの特徴

電子レベルでは，人間の目に代わって器械内部の画像解析機能が標尺に刻まれたバーコードのパターンを読み取り，標尺の値や器械までの距離を得ることができる．電子レベルの測量には，次のような特徴がある．

■ 誤差の低減

電子レベルではピントを合わせるだけで器械が観測を行ってくれるため，観測者の読みグセなどの個人誤差や誤読などの過失が少なくなり，精度の高い観測をすることができる．

■ 電子野帳との接続

電子レベルと電子野帳を接続することで，観測データの記録や観測結果が自動的に確認でき，またコンピュータへ出力できるので，成果出力まで効率的に行うことができる．

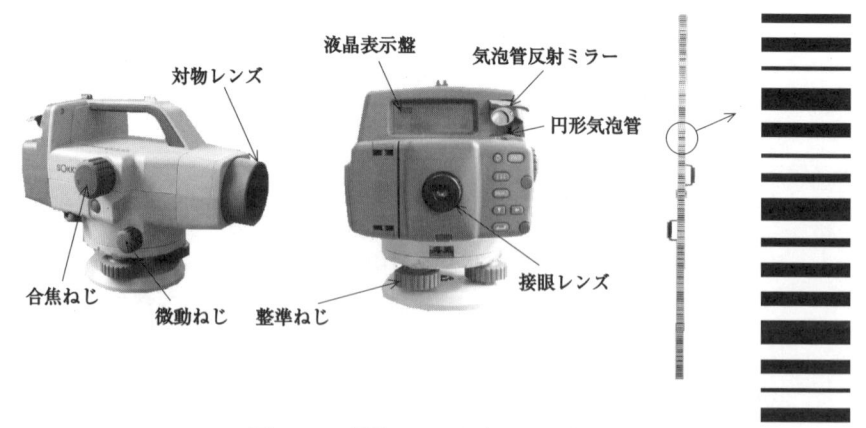

図4・14 電子レベルとバーコード標尺

電子の目で測る

> 観測の留意点

観測には画像解析機能を使うため，次のような条件などでは正しい観測を行うことができない．

■ バーコード標尺が傾いている

観測は標尺を止めた状態で行うため，標尺に取り付けられている円形気泡管を見ながら，標尺を鉛直にする．

標尺を鉛直に

■ バーコード標尺の表面が明るすぎる（暗すぎる）

適度な光量になるように標尺を左右に回してみる．また，据付けや標尺の設置は，急激に光量が変化しない場所，標尺の周りや背景に光るものがない場所，標尺に影がかからない場所を選ぶ．

■ バーコード標尺に傷や水滴がついている

傷をつけないように保管・持ち運びをし，標尺表面の水滴や汚れはやわらかい布でぬぐうようにする．

4-8 縦断測量

8 日本アルプスを縦走してみよう

縦断測量とは　道路や鉄道などの測量では，その中心線に沿って20mごとに中心ぐいを打ち，出発点の中心ぐいをNo.0として，順次No.1，No.2と番号を付ける．これらのくいをナンバーぐいという．なお，高低（地形）に変化のある地点ではプラスぐいを設けて測定を行う．図4・15のNo.1＋8.00などがこれにあたる．

これらのくいの高さを測定していく測量を縦断測量という．

① 出発点No.0と付近の既知点を結び付けておく．
② A点にセオドライトを据え付ける．
③ No.0を後視し，もりかえ点No.2を前視する．
　　No.0からNo.2までの中間点を視準し読みを取る．
④ A点での観測が終わればB点に器械を移し同様の作業をする．
⑤ 野帳は，中間点が多いため器高式がよい．

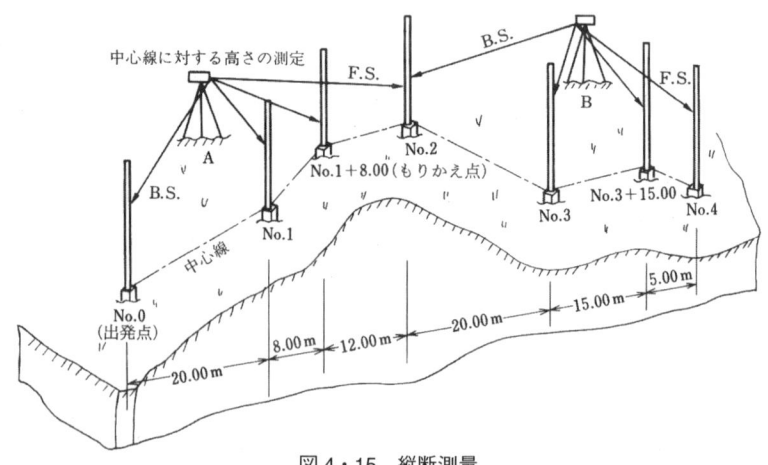

図4・15　縦断測量

日本アルプスを縦走してみよう

縦断面図の作成

pp.104〜107で説明した高低測量により，中心ぐいの高低を求めたものを図面化すると**図4・16**のようになる．

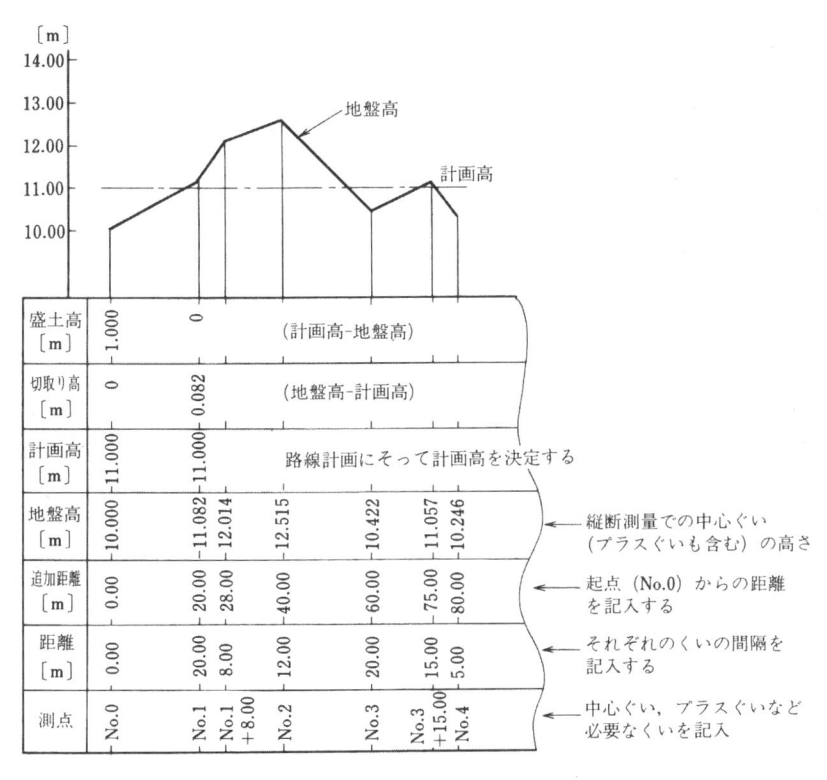

盛土高 [m]	1.000	0						(計画高－地盤高)
切取り高 [m]	0		0.082					(地盤高－計画高)
計画高 [m]	11.000	11.000						路線計画にそって計画高を決定する
地盤高 [m]	10.000	11.082	12.014	12.515	10.422	11.057	10.246	← 縦断測量での中心ぐい （プラスぐいも含む）の高さ
追加距離 [m]	0.00	20.00	28.00	40.00	60.00	75.00	80.00	← 起点（No.0）からの距離を記入する
距離 [m]	0.00	20.00	8.00	12.00	20.00	15.00	5.00	← それぞれのくいの間隔を記入する
測点	No.0	No.1	No.1 +8.00	No.2	No.3	No.3 +15.00	No.4	← 中心ぐい，プラスぐいなど必要なくいを記入

図4・16 縦断面図の例

重要 Point 縦断面図作り

① 縦断測量の結果から縦断面図を作り，路線の計画，工事の施工基準に用いられるので，精度がその後にいろいろと影響を及ぼすので注意を要する．
② 測定は必ず往復行い，誤差を点検し測量結果をもとにして縦断面図を作る．
③ 縦断面図は，距離（横）と地盤高（縦）の縮尺の比を1：3ないし1：10くらいに選んで作成する．

4-9 横断測量

9 横断歩道では左右確認

横断測量とは

縦断測量の中心ぐいおよびプラスぐいのところで，縦断測量の測線に直角な方向の地表面の高低差を測る測量を横断測量という．

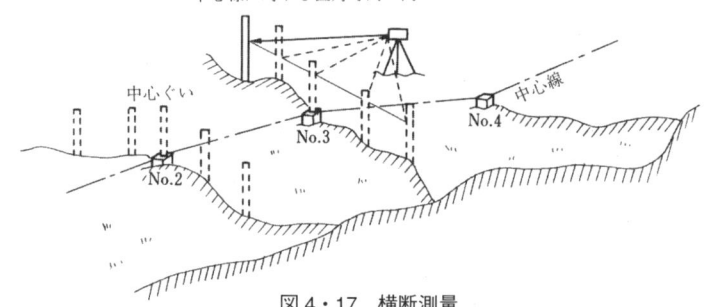

図4・17 横断測量

横断測量の手順　レベルと巻尺による方法．

① 各中心ぐいおよびプラスぐいのところで，縦断測量の測線と直角な方向に測線をとる．

② 中心ぐい付近にレベルを据え付け，中心ぐい上に立てた標尺を後視する（**図4・17**と**表4・6**参照）．

③ 測線上で地形の変化する点に標尺を立てて前視するとともに，くいから各標尺までの距離を巻尺で測る（**図4・18**と表4・6参照）．

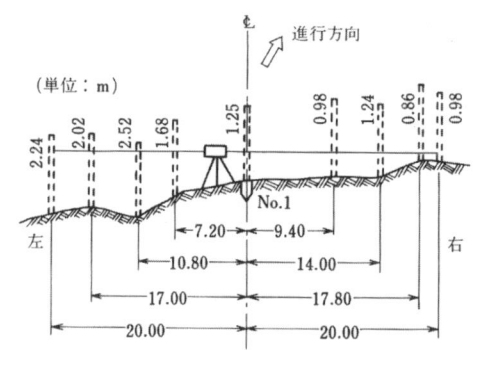

図4・18 横断測量

横断歩道では左右確認

■ **野帳の記入方法**

表4・6　横断測量の野帳記入例

測点左右	距離	後視	器械高	前視	地盤高	備考
1		1.25	12.332		11.082	No.1のくいの地盤高を11.082mとする
左	7.20			1.68	10.652	
	10.80			2.52	9.812	地盤高の計算はp.106器高式の方法で！
	17.00			2.02	10.312	
	20.00			2.24	10.092	
右	9.40			0.98	11.352	
	14.00			1.24	11.092	
	17.80			0.86	11.472	
	20.00			0.98	11.352	

（単位：m）

■ **ポール横断の方法**　重要でないところ，傾斜の急なところでは**図4・19**のように2本のポールを用いて何m行って何m下がりというように測定する．ポールと巻尺を組み合わせる場合がある．記入はスケッチ式で記入する．

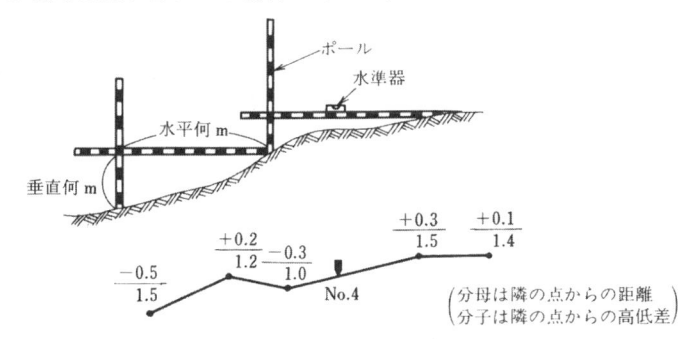

図4・19　ポール横断法

■ **横断面図の作成**　中心ぐいを起点として左側，右側をそれぞれ距離と地盤高をもとにして作成したものが横断面図である（**図4・20**）．

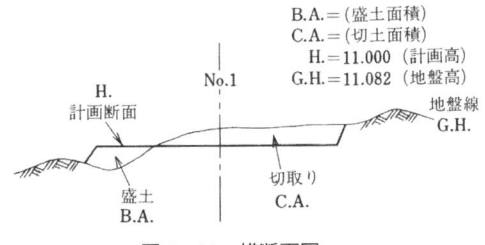

B.A.＝（盛土面積）
C.A.＝（切土面積）
H.＝11.000（計画高）
G.H.＝11.082（地盤高）

図4・20　横断面図

4-10 断面法

10 どんな地形も体積はバッチリ

正確な体積はまず正確な面積計算

■ 両端断面平均法による体積計算

両端の断面積を平均して，断面間の距離を掛け合わせて体積を求める方法．なお，土工工事においては土の体積を土積ということがある．

$$V = \frac{A_1 + A_2}{2} \cdot L \quad (4\cdot3)$$

ただし，V：体積〔m^3〕
　　　A_1, A_2：断面積〔m^2〕
　　　L：断面間の距離〔m〕

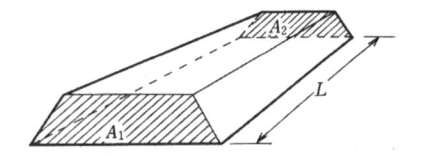

図4・21　両端断面平均法

■ のりこう配

断面平均法を使用するにあたり，最も大事なことは断面積を求めることである．道路や河川の堤防の断面積を求める場合，のりこう配の意味を理解する必要がある．一般にのりこう配は高さ1mに対する底辺の長さの割合で表す．表し方は**図4・22**のようになる．

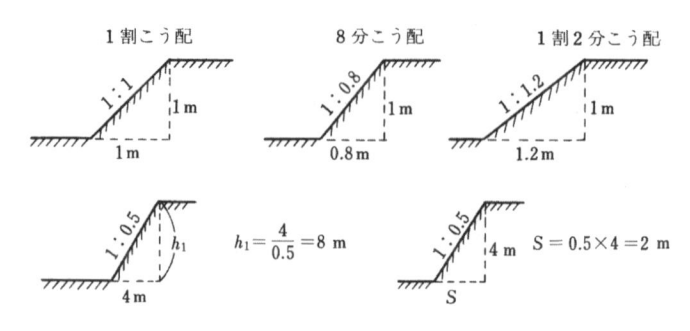

1割こう配　1:1　1m / 1m
8分こう配　1:0.8　1m / 0.8m
1割2分こう配　1:1.2　1m / 1.2m

$h_1 = \dfrac{4}{0.5} = 8$ m

$S = 0.5 \times 4 = 2$ m

図4・22　のりこう配

どんな地形も体積はバッチリ

■ **縦横断面図の例**　縦断面図に路線の計画線を記入し，地盤高・計画高から切取高・盛土高を求め，横断面図に施工断面を記入して，切取面積（C.A.），盛土面積（B.A.）を求めると**図 4・23** のようになる．

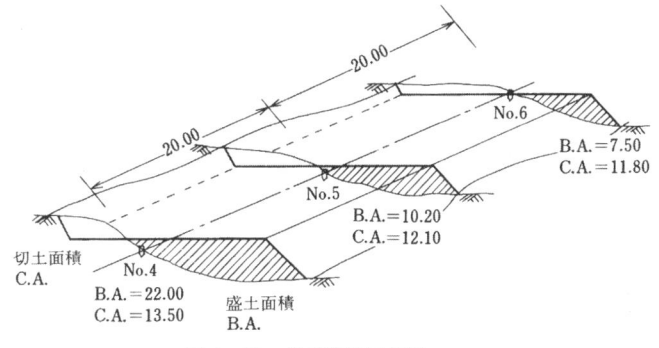

図 4・23　縦横断面図の例

■ **両端断面平均法による体積計算**　図 4・23 の結果を用いて体積の計算をする．備考欄に計算例を示しているように体積 V は隣り合う測点の断面積を平均し，その間の距離を乗じて求める．切取りと盛土の体積を別々に計算する．

表 4・7　体積計算

測点	距離	断面積 A [m²]		体積 V [m³]		備　考
		切取り	盛土	切取り	盛土	
No.4	20.00	13.50	22.00	ⓐ 256.0	ⓑ 322.0	ⓐの計算（No.4〜5 の切取体積） $V = \dfrac{13.50 + 12.10}{2} \times 20.00$ $= 256.0 \text{ m}^3$
No.5		12.10	10.20			ⓑの計算（No.4〜5 の盛土体積） $V = \dfrac{22.00 + 10.20}{2} \times 20.00$ $= 322.0 \text{ m}^3$
No.6	20.00	11.80	7.50	239.0	177.0	

重要 Point　体　積

① 体積の計算は面積を求めることが重要．
② 変化をもった地形も傾斜の変化点を測量しておけば，正確な体積を求めることができる．

4-11 点高法

11 日本の体積もわかるぞ

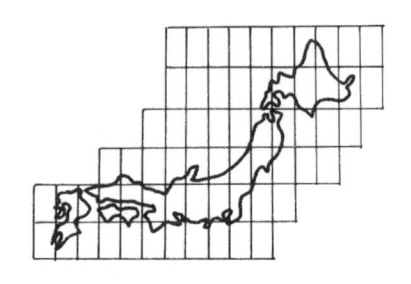

点高法による長方形に区分した体積計算

広い地域を図 4・24 (a) のように一定の間隔 a, b で格子形に区分し，各交点の地盤高を測定して体積（土積）を計算する方法である．

図 4・24 (b) のように区分した長方形の立体の体積を求めると

$$V_1 = \frac{1}{4} \times (H_1 + H_2 + H_3 + H_4)$$

$$V_2 = \frac{1}{4} \times (H_3 + H_4 + H_5 + H_6)$$

$$V_1 + V_2 = \frac{1}{4} \times (H_1 + H_2 + 2H_3 + 2H_4 + H_5 + H_6)$$

となり，二つの立体に共通する地盤高は，共通回数を掛ける．

■ **長方形に区分した場合**

図 4・25 のように h の右下についている数字を共通する交点の数で表せば体積は

$$V = \frac{1}{4} \times A(\Sigma h_1 + 2\Sigma h_2 + 3\Sigma h_3 + 4\Sigma h_4)$$

(4・4)

A：1 個の長方形の面積
Σh_1：1 個の長方形だけに関係する地盤高の和
Σh_2：2 個の長方形だけに関係する地盤高の和
Σh_3：3 個の長方形だけに関係する地盤高の和
Σh_4：4 個の長方形だけに関係する地盤高の和

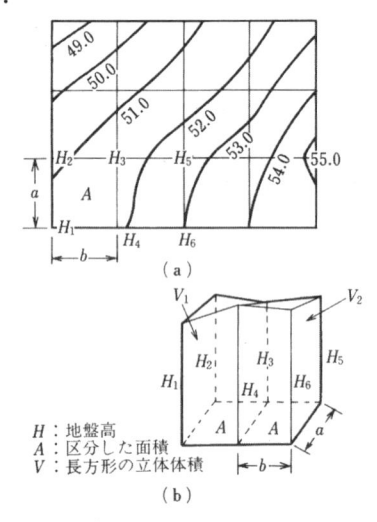

図 4・24 点高法

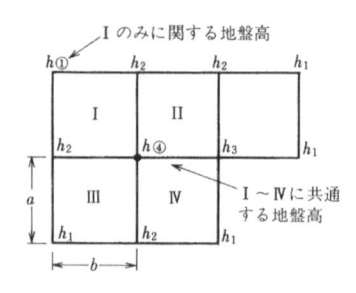

図 4・25 長方形区分の共通地盤

日本の体積もわかるぞ

■ **地ならし高さの求め方**
（盛土・切り土が等しくなる高さ）

図 4・26 に示すような地域をならすとき，地ならし地盤高をいくらにすればよいか．

式 (4・4) により基準面上の体積 V を計算する．

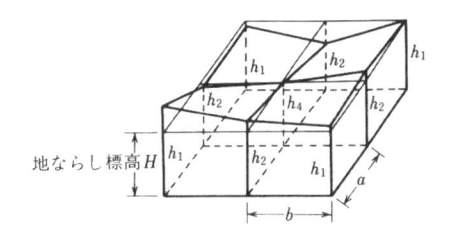

$$\text{地ならし高 } H = \frac{\text{体積 } V}{\text{水平面積}} \quad (4\cdot5)$$

図 4・26 地ならし高

〔例 4・2〕 図 4・27 のような地域をならすとき，地盤高を何 m にすれば盛土，切り土が等しくなるか．

$\Sigma h_1 = 2.2 + 3.3 + 3.5 + 3.0 + 2.0 = 14.0$
$\Sigma h_2 = 1.6 + 2.7 + 2.4 + 1.8 = 8.5$
$\Sigma h_3 = 2.8$
$\Sigma h_4 = 2.5$
$V = \dfrac{5 \times 5}{4}(14.0 + 2 \times 8.5 + 3 \times 2.8 + 4 \times 2.5)$
  $= 308.75 \text{ m}^3$

地ならし高 $H = \dfrac{308.75}{5 \times 5 \times 5} = 2.47 \text{ m}$

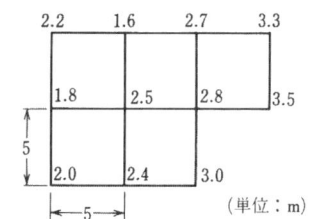

図 4・27 長方形区分の計算

■ **三角形に区分する方法（区分は小さいほど正確）** 土地を区分するとき図 4・28 のように三角形に区分した場合は，次のような式となる．

$$V = \frac{A}{3}(\Sigma h_1 + 2\Sigma h_2 + 3\Sigma h_3 + 5\Sigma h_5 + 6\Sigma h_6) \quad (4\cdot6)$$

Σh，A は長方形の場合と考え方は同じである．

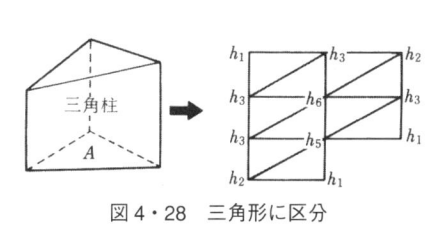

図 4・28 三角形に区分

4-12 等高線法

12 山もダムもスライスしてみると

等高線法による体積の計算方法

等高線に囲まれた面積をプラニメータで求め，等高線間隔を距離として，両端断面平均法により体積の計算をする方法である．

図 **4・29** (a) において底面 $A'A'$ より上の部分の体積を求める．

① 図 (b) の等高線によって A_1, A_2, A_3, A_4, A_5 の面積をプラニメータで測定する．

② 両端断面平均法（式 (4・3) p.118）を用いて，体積を求める．

$$V_1 = \frac{A_1 + A_2}{2} \cdot h$$

$$V_2 = \frac{A_2 + A_3}{2} \cdot h$$

$$V_3 = \frac{A_3 + A_4}{2} \cdot h$$

$$V_4 = \frac{A_4 + A_5}{2} \cdot h$$

$$\left(V_5 = \frac{A_5}{3} \cdot h' \right)$$

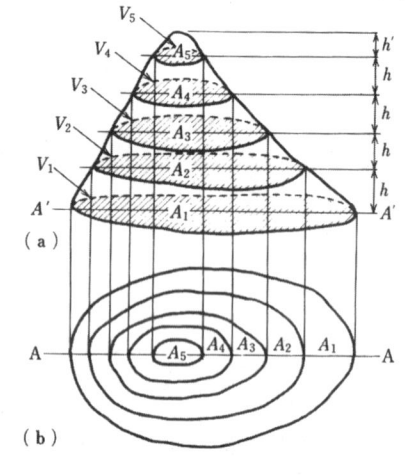

図 4・29　等高線と面積

V_5 は無視する場合がある．

　　求める体積 $V = V_1 + V_2 + V_3 + V_4 + V_5$
となる．

山もダムもスライスしてみると

■ **ダムの貯水量計算**　ダムの貯水量の算定も土量計算と同じように計算できる．

$$V_2 = \frac{A_2 + A_3}{2} \cdot h$$

$$V_1 = \frac{A_1 + A_2}{2} \cdot h$$

ゆえに

$$V = V_1 + V_2$$

$$V = \frac{h}{2} \cdot (A_1 + 2A_2 + A_3)$$

となる．

図 4・30　ダムの貯水量

■ **等高線法による体積の計算例**

〔例 4・3〕図 4・31 において，等高線間隔が $h = 20\,\text{m}$（$h' = 12\,\text{m}$）でそれぞれの面積をプラニメータで測定した結果，$A_1 = 5\,490\,\text{m}^2$，$A_2 = 4\,250\,\text{m}^2$，$A_3 = 2\,020\,\text{m}^2$，$A_4 = 820\,\text{m}^2$，$A_5 = 320\,\text{m}^2$ であった．この山の体積を両端断面平均法で求めよ．

〔解〕p.118 の式（4・3）より

$$V = \frac{A_1 + A_2}{2} \cdot h$$

であるから

$$V_1 = \frac{5\,490 + 4\,250}{2} \times 20 = 97\,400$$

$$V_2 = \frac{4\,250 + 2\,020}{2} \times 20 = 62\,700$$

$$V_3 = \frac{2\,020 + 820}{2} \times 20 = 28\,400$$

$$V_4 = \frac{820 + 320}{2} \times 20 = 11\,400$$

$$V_5 = \frac{320}{2} \times 12 = 1\,280$$

体積 $V = 201\,180\,\text{m}^3$

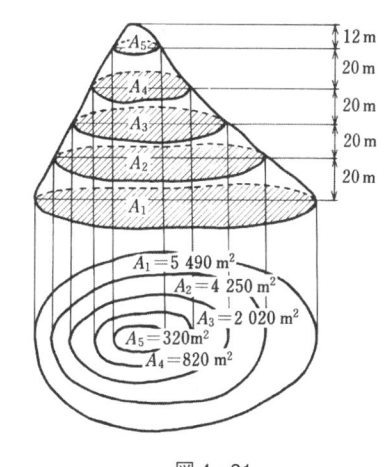

図 4・31

4章のまとめ

【水準測量の誤差】

(1) 誤差の原因
- ① 器械的誤差……器械の調整，標尺の目盛が不完全なために生じる誤差
- ② 自然的誤差……かげろう，風，球差・気差の影響による誤差
- ③ 個人的誤差……標尺の読取り，標尺の立て方による個人誤差

これらの誤差をできるだけ小さくし，過失をなくして精度をより高めるように心がける．

(2) 両　差

$$両　差 \begin{cases} 球差（曲率誤差）……地球の曲率によって生じる誤差 \\ 気差（屈折誤差）……光線の屈折によって生じる誤差 \end{cases}$$

① 球　差
求める高低差 BE (h)
計算によって求まる高低差 BC （α, L を使って）

$$\therefore 球差 \; CE = h - BC = \frac{L^2}{2R}$$

L：距離
R：地球の半径

② 気　差
$\angle BAC = \alpha$　実際の高低角
$\angle B'AC = \alpha'$　測定される高低角
$B'B$ が気差となる．

$$B'B = -\frac{kL^2}{2R}$$

k：光の屈折係数（$0.12 \sim 0.14$）

③ 両　差……球差と気差を合わせた誤差

$$両差 = CE + B'B = \frac{L^2}{2R} - \frac{kL^2}{2R} = \frac{(1-k)}{2R}L^2$$

GPS 測量

5章

　地球を周回する GPS 衛星からの電波を 24 時間受信する電子基準点．電子国土（数値化された国土地理情報）の位置情報基盤として全国に約 20 km 間隔で配置されている．

1 地球が相手だ

5-1 GPS 測量とは

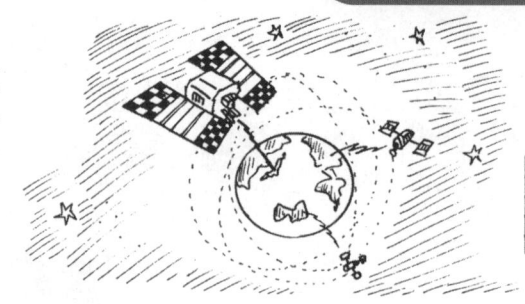

人工衛星を使った画期的測量システム
GPS 測量

GPS 測量の基準

GPS 測量での位置は，3 次元直交座標系での座標（X, Y, Z）や楕円体上の経緯度などで表される．

■ GPS 測量での座標系と楕円体

WGS84 座標系：地球の重心を原点とする 3 次元直交座標．

WGS84 楕円体：経緯度の基準となる楕円体で，経緯度は 3 次元直交座標の値を変換して得られる．

現在，日本で使われている ITRF94 座標系と GRS80 楕円体は GPS での座標系・楕円体と実用上同等であり，GPS で得られたデータを日本測地系 2000（世界測地系）での値に変換する必要はなくなった．

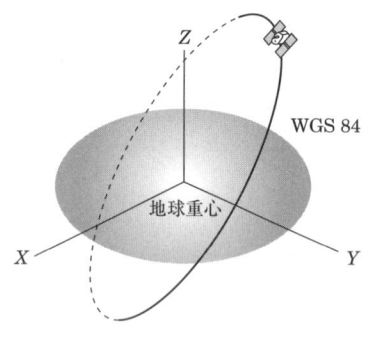

図 5・1　3 次元直交座標系

■ GPS 測量での標高

観測により求まる値は図中の楕円体高であり，標高を求めるにはジオイド高を求める必要がある．

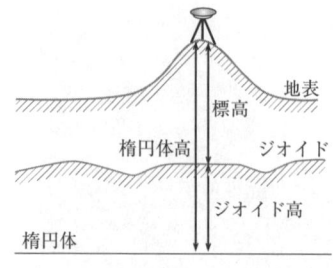

図 5・2　GPS 測量の高さと標高

ジオイド高は水準点上で GPS 観測を行い，得られた楕円体高と水準点の標高との差より求めることができる．また，国土地理院の「日本のジオイド 2000」からも求めることができる．

地球が相手だ

衛星の配置と構成

GPS 測量は地球全域での観測を可能にするため，六つの軌道面にそれぞれ 4 個の衛星（合計 24 個）が配置されており，この衛星は高度約 20 000 km の円軌道上を約 12 時間で周回している．

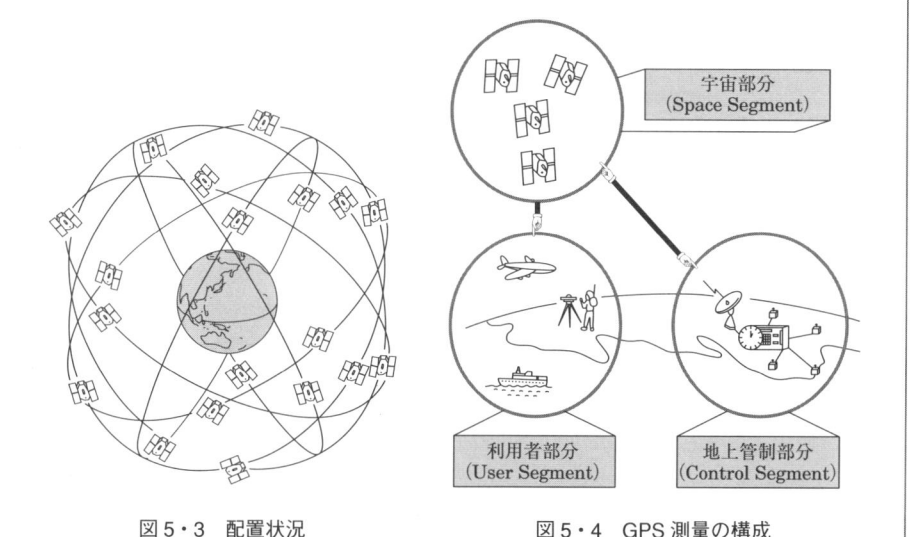

図 5・3　配置状況

図 5・4　GPS 測量の構成

GPS 測量の器具

GPS 測量で使用する器具には，人工衛星からの電波を受信するアンテナ（アンテナ上部の矢印は観測時に北方向へ合わせる）と，データを処理・解析・記録する受信機がある．

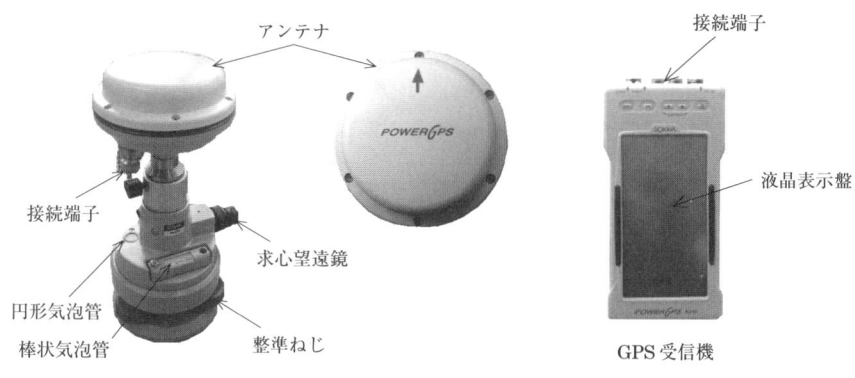

図 5・5　GPS 測量の器具

2 人工衛星が既知点

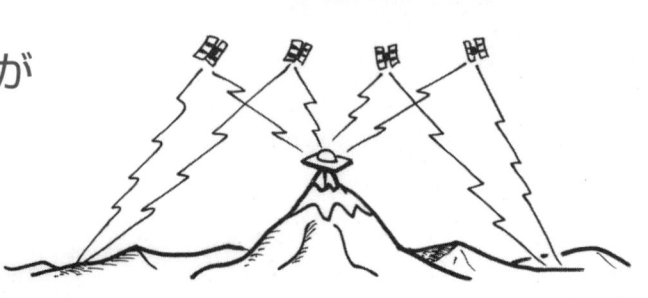

5-2 GPS測量の原理

GPS測量の分類　GPS測量は受信機の数や観測方法，観測結果がリアルタイムか後処理かにより，下のように分類される．

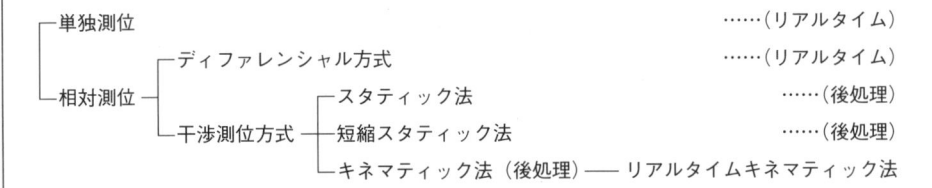

```
┌ 単独測位                                          ……（リアルタイム）
└ 相対測位 ┬ ディファレンシャル方式                  ……（リアルタイム）
          └ 干渉測位方式 ┬ スタティック法            ……（後処理）
                        ├ 短縮スタティック法        ……（後処理）
                        └ キネマティック法（後処理）── リアルタイムキネマティック法
```

■ **単独測位**

　自動車・船舶・航空機などの位置を瞬時に知るための方法で，観測は4個以上の衛星と受信機1台で行う．各衛星を中心とした四つの球面の交点が受信機の位置となり，誤差は10～20m程度である．

■ **相対測位**

　測量に用いられる方法で，観測は4個以上の衛星と複数の受信機で行う．受信機間の基線ベクトル（距離と方向）を求める方法により，単独測位を応用したディファレンシャル方式と，衛星から受信機までの電波到達の差（位相差）を計算する干渉測位方式に分けられる．誤差はディファレンシャル方式で1m程度，干渉測位方式で5～数10mm程度である．

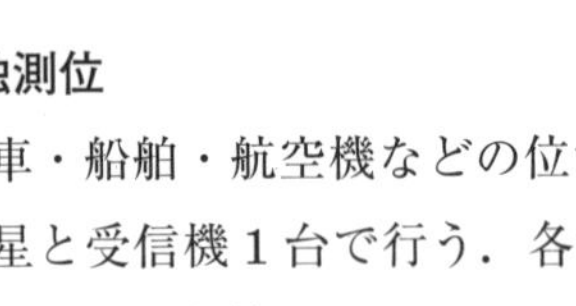

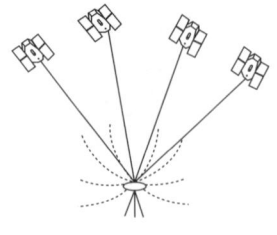

図5・6　単独測位 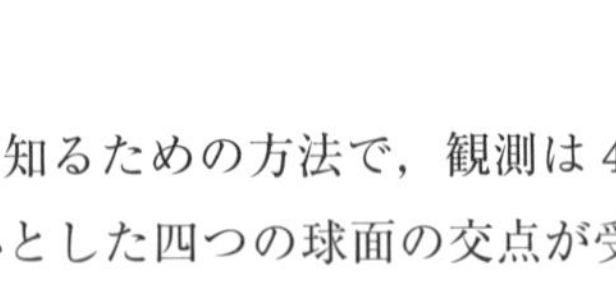　　　　　図5・7　相対測位

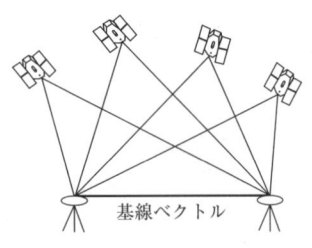

人工衛星が既知点

測量は相対測位で

■ ディファレンシャル（DGPS）方式

単独測位は未知の測点位置を求めるため、含まれる誤差がどの程度であるかはわからない。そこで、位置が既知である測点で観測したデータより単独測位の誤差を求め、その補正量を利用し位置精度を高めたものがDGPS方式である。

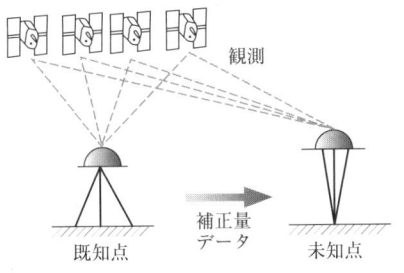

図5・8　DGPS方式

■ スタティック（静的）方式

1～4級基準点測量に利用される方式で、観測は受信機を測点に数時間設置しなければならないが、精度の高い基線ベクトルを観測することができる。

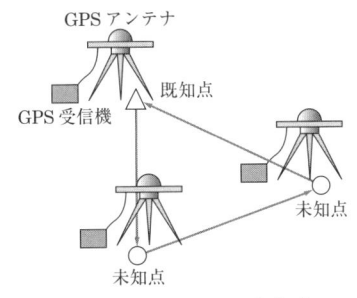

図5・9　スタティック方式

■ キネマティック（動的）方式

4級基準点測量に利用される方式で、観測は受信機を測点に数分間設置すればよく、短時間に多くの測点を観測することができる。

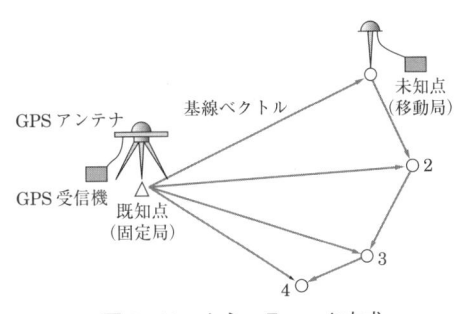

図5・10　キネマティック方式

3 ここがえいぜよ！

5-3 GPS測量の特徴

観測計画

スタティック方式による基準点測量などでは，観測を効率的に行うために綿密な観測計画を立てる必要がある．観測計画では観測を行う順番（セッション）や最適観測時間を，測点の位置関係や上空視界図（網掛け部分は障害物），衛星の航法データから決定する．

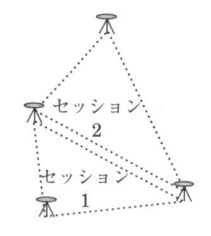

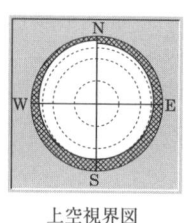

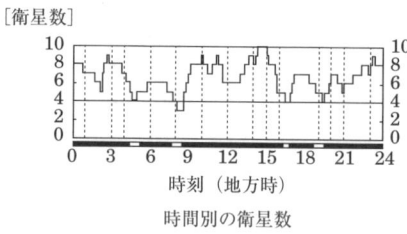

図5・11　セッション計画

電波の届く場所で

GPS測量には，TS測量と比べて以下のような特徴がある．

■ 測点間の視通（見通し）が不要

TS測量と違い測点間の視通は不要であるが，衛星からの電波を安定して受信するために上空が開けている必要がある．この視通を上空視界といい，高度角で15°以上（周囲の状況により30°まで緩和できる）必要である．ただし，測点付近に建物や鉄塔などがあると，マルチパス（反射波）や電波障害の原因となり，観測精度が悪くなる．

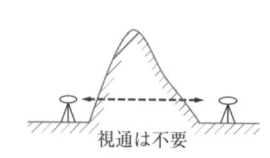

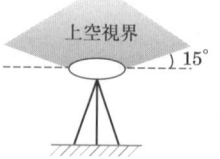

図5・12　観測の留意点

ここがえいぜよ！

■ **天候に左右されにくく，24時間観測可能**

雨天でも容易に観測を行うことができるが，雷や大雪は受信状態を悪くする原因となる．また，夜間であっても観測を行えるが，複数の測点で同時に4個以上の衛星からの電波を受信する必要があるので，最適観測時間を事前に知っておく必要がある．

表5・1　観測時間

観測方法	観測時間	必要衛星数	摘　要
スタティック方式	60分以上	4衛星	1〜4級基準点測量
短縮スタティック方式	20分以上	5衛星	3〜4級基準点測量
キネマティック方式	1分以上	5衛星	4級基準点測量

■ **高精度の長距離測定ができる**

測点間の距離が10 kmの場合の含まれる誤差は±15 mmと，高精度の距離測定ができる．ただし，観測時間は観測方法，衛星の状況などで数時間になる場合がある．

■ **アンテナ高の観測が必要**

観測により得られるのは受信するアンテナの位置であるため，アンテナ高を測り測点からの器械高を求める必要がある．

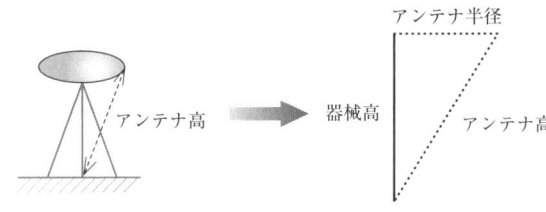

図5・13　器械高の求め方

基線解析

観測により得られたデータはそのままでは利用できないので，専用のプログラムに観測データを取り込み，基線ベクトルの解析をする．解析結果には，フィックス解*とフロート解*があるが，フロート解が得られた場合は，基線解には使用しない．また，フィックス解が得られた場合でも，結果の信頼度を示す標準偏差，棄却率，RMS，RATIOなどの値を確認し

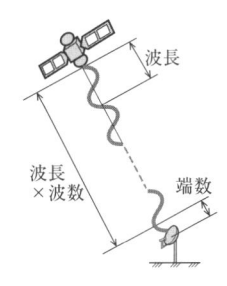

三平方の定理は p.11 で確認！

図5・14　衛星から受信機までの距離

5-3 GPS 測量の特徴

ておく必要がある．

 ＊衛星から受信機までの距離は図 5・14 のように波長×波数＋端数であるが，波数（整数値バイアス）が整数で求まるものをフィックス解，整数で求まらないものをフロート解という．

```
                    GPS 測量観測記簿
解析ソフトウェア     ：SOKKIA CO., LTD.  GSP2 ver.2.00
使用した起動情報     ：放送暦
使用した楕円形       ：WGS-84
使用した周波数       ：L1
基線解析モード       ：一基線解析

セッション名         ：077A
解析使用データ  開始 ：2003 年 03 月 18 日  05 時 29 分  UTC    温度： 15 ℃
                終了 ：2003 年 03 月 18 日  06 時 26 分  UTC    気圧： 1013 hPa
最低高度角           ：15 度                                   湿度： 50 ％

観測点 1    ：  001  001              観測点 2    ：  K01  K01

受信機名 (No)：SOKKIA R310-1 ( 1484)  受信機名 (No)：SOKKIA R310-1 ( 1483)
アンテナ高 = 1.545 m True Vert        アンテナ高 = 1.465 m True Vert

起    点    ：入力値                  終    点                                  ①
緯    度    = 33° 30' 16.61140"       緯    度    = 33° 30' 15.41853"
経    度    =133° 53' 37.52751"       経    度    =133° 53' 40.69038"
楕円体高    =           54.579 m      楕円体高    =           53.422 m
座 標 値  X=      -3691137.293 m      座 標 値  X=      -3691209.518 m
          Y=       3836495.667 m                Y=       3836452.990 m
          Z=       3500791.176 m                Z=       3500759.881 m

解析結果
解の種類    ：  FIX                   バイアス決定比 ：    13.700

観測点  観測点    DX              DR              DZ            斜距離
  1       2    -72.225 m       -42.677 m       -31.284 m       89.535 m
      標準偏差  2.130e-03       1.648e-03       1.370e-03       8.725e-04    ②

観測点  観測点    方位角          高度角          測地線長      楕円体比高
  1       2    114° 14' 11.75"  -0° 44' 27.45"   89.527 m       -1.157 m
  2       1    294° 14' 13.50"   0° 44' 24.55"
分散・共分散行列
              DX              DY              DZ
DX      4.5359576e-06
DY     -2.9097719e-06    2.7173693e-06
DZ     -2.2589732e-06    1.4230557e-06    1.8781946e-06

使用したデータ数       ：  447    棄却したデータ数：  8    棄却率：  1 ％  ③
使用したデータ間隔     ：  30 秒

RMS =    0.0062  ④     RATIO =    13.700  ⑤
```

① 観測点の WGS84 楕円体・座標系での値　　④ RMS：解析に使用したデータの位相観
② 標準偏差：観測値のばらつき具合　　　　　　　　測精度
③ 棄却率：解析に使用しなかった不良データの割合　⑤ RATIO：整数値バイアス決定の信頼度

図 5・15　観測記簿

ここがえいぜよ！

■ **点検計算**　解析により得られた各セッションの基線ベクトルは，次の方法により観測値の点検を行う．

① 異なるセッションを組み合わせ，最小辺数の多角形の環閉合差を求める．
② 異なるセッションを組み合わせ，同一の基線ベクトルの差を求める．

> 点検する環閉合がB～1～2であれば
> セッション①のB～1ベクトル
> セッション②のB～2ベクトル
> セッション③の1～2ベクトル
> で閉合比を求める．

図5・16　環閉合差

> 点検するベクトルがB～1であれば
> セッション①のB～1ベクトル
> セッション②のB～1ベクトル
> で差を求める．

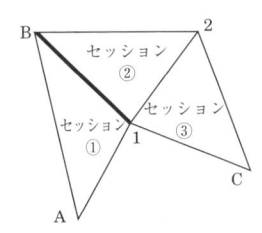

図5・17　同一基線ベクトルの差

表5・2　点検計算の許容範囲

区分		許容範囲	備考
基線ベクトルの環閉合差	水平（$\Delta N \Delta E$）	20 mm$\sqrt{N}$	N：辺数
	高さ（ΔU）	30 mm$\sqrt{N}$	ΔN：水平面の南北方向の閉合差
重複する基線ベクトルの較差	水平（$\Delta N \Delta E$）	20 mm	ΔE：水平面の東西方向の閉合差
	高さ（ΔU）	30 mm	ΔU：高さ方向の閉合差

■ **3次元網平均計算**　平均計算は観測点の水平位置と標高を確定するための計算であり，計算に使用する既知点の数により2種類の方法がある．

① **仮定網平均計算**：計算に使用する既知点は1点であり，網全体の観測値の精度や既知点の異常の有無について確認することができる．

② **実用網平均計算**：計算に使用する既知点は2点以上であり，最終的な測量成果を求めることができるが，高さは楕円体に対する楕円体高が求まるため，標高を決定するには，内陸の標高の零位を東京湾平均海面とするジオイド面を用い，ジオイド高をジオイドモデル2000などから決定する必要がある．

4 地球の動きから自分の位置まで

5-4 GPS 測量の利用

電子基準点

電子基準点は現在日本に 1 224 点設置されており，地殻変動の調査や各種測量の基準点として使われている．電子基準点は高さ 5 m のタワー上部に受信機を内蔵しており，GPS 衛星からの電波を 24 時間受信している．この他には，四等三角点の偏心点として GPS 固定点が設置されており，地籍測量などの基準点として使われている．

図 5・18　電子基準点

図 5・19　GPS 固定点

RTK-GPS 測量

リアルタイムキネマティック（RTK）法は数秒間の観測で測点の 3 次元座標が得られるため，いろいろな測量で利用されている．

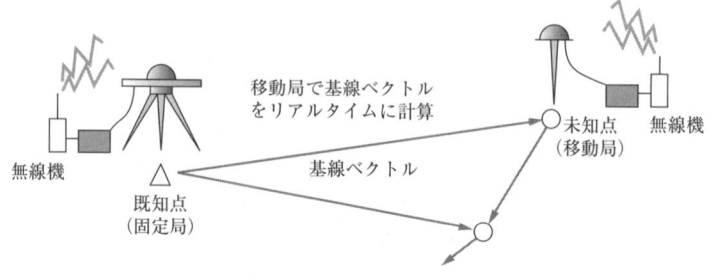

図 5・20　RTK-GPS 測量

地球の動きから自分の位置まで

■ 縦断（横断）測量における利用

TS測量では，まず縦断（横断）方向の測点を測設した後に地形変化点の観測となるが，地形によっては視通が取れなくなるため，方向杭に器械を据え直す場合もある．

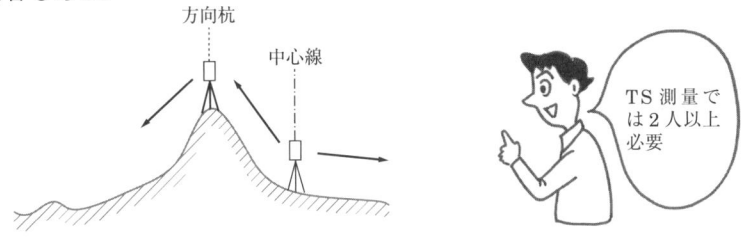

図5・21　TSによる横断測量

RTK測量では，あらかじめ測点の座標を入力しておけば，後は方向線上に入るようにGPSアンテナを動かし観測をすればよい．また，測点間の視通は不要であるため，方向杭は必要ない．

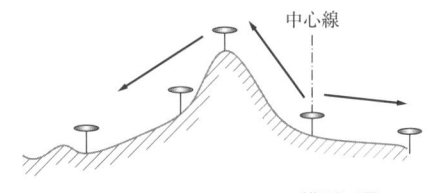

図5・22　RTKによる横断測量

■ 無人施工における利用

災害復旧工事の現場などでは，建設機械を遠隔操作で動かし施工をする場合がある．この場合，建設機械にGPSアンテナを取り付け，RTK測量をすることで，掘削位置や地均し高などの施工管理がリアルタイムで行える．

図5・23　RTKによる施工管理

5章のまとめ

(1) ネットワーク型 RTK-GPS 測量 —— 原理の補足

　平成16年度より公共測量の3・4級基準点測量に使用できるようになった測量方法であり，VRS 方式と FKP 方式がある．RTK 法では基準点から移動点までが長距離になる場合に観測精度が低くなってしまうが，ネットワーク型では3点以上の電子基準点からの観測データを利用することで，基準点から移動点までの距離に関係なく高い精度を得ることができる．

・**VRS 方式**：仮想基準点方式と呼ばれ，3点以上の電子基準点からの観測データより測量区域内に仮想の基準点を設け，この仮想点を基準に RTK 測量を行う．

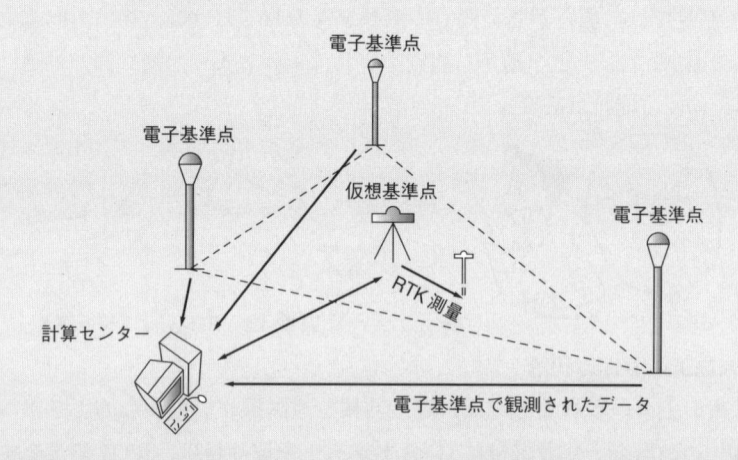

(2) GPS 測量のこれから

　GPS 衛星を管理・運用するアメリカでは，この数年以内に次世代衛星の打上げを予定しており，これまでよりも高い精度での観測が期待されている．また，日本においては準天頂衛星システムが計画されており，山間地やビル影など，これまで電波が届きにくかった場所での観測もより高精度に行えるようになるであろう．

地形測量・写真測量

6章

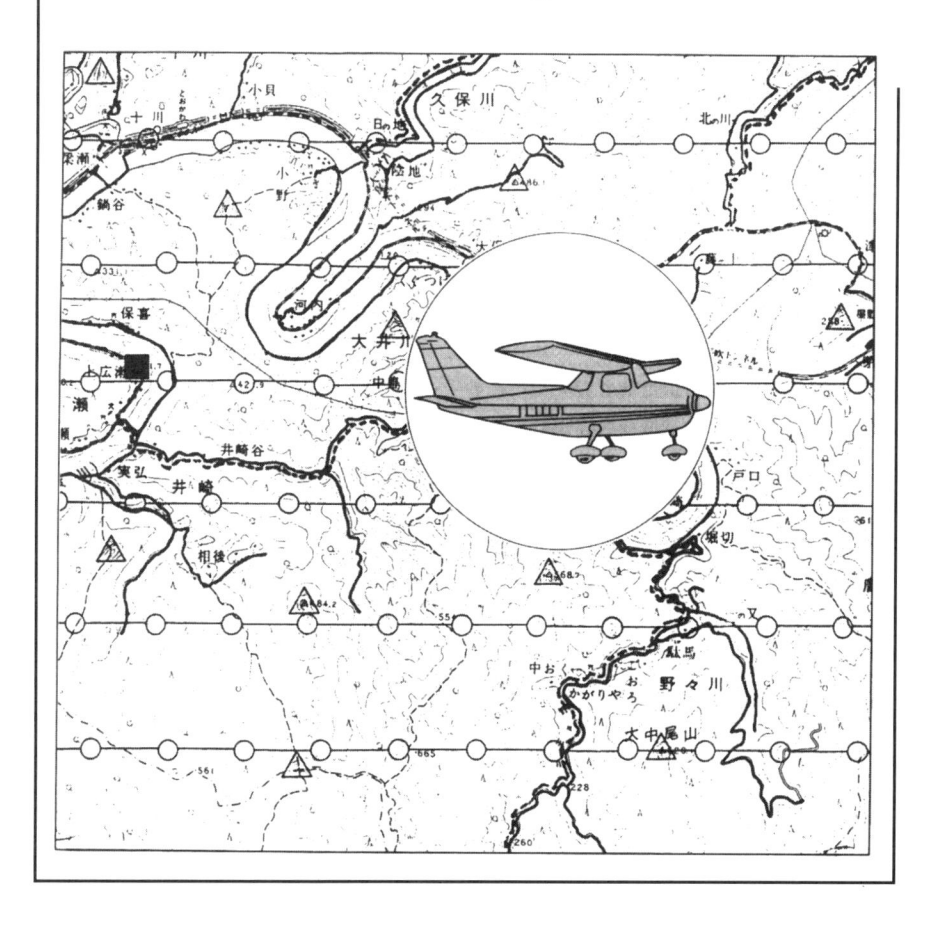

6-1 地形測量の順序

1 凹凸を平面に

地形測量とは

地形測量とは，地形・物の位置や形状を目的に応じて測量し，その結果から一定の縮尺と図式を用いて地形図を作成するための作業である．

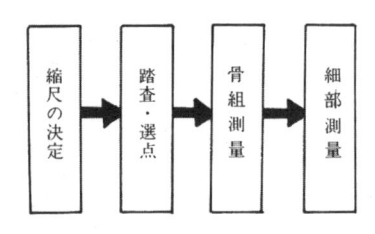

縮尺の決定 → 踏査・選点 → 骨組測量 → 細部測量

地形図はいろいろな工事計画や設計に有効に用いられるのだ！

■ 縮尺の決定

縮尺とは実際の長さをどのくらい縮めて地図に描くか．
縮尺の大小とは（現在多く使われている区分）

$$\text{以上} \leftarrow \frac{1}{10\,000} > \frac{1}{10\,000} \sim \frac{1}{100\,000} > \frac{1}{100\,000} \rightarrow \text{以下}$$

　　　　　　　↓　　　　　　↓　　　　　　↓
　　　　　　大縮尺　　　　中縮尺　　　　小縮尺

←地物は大きく表示できる　　　広範囲に表示できる→

（例）50 m プール → 1/5 000 では 1 cm に 1/50 000 では 1 mm で描かれる．

> 必要な内容が十分表現できるように縮尺を選ぶ

凹凸を平面に

■ 踏査・選点

関係地域の地図や空中写真を参考にして実際に測量地域を調査し，骨組となる基準点を定める作業である．

選点のしかたは測量作業の能率・経費・精度に大きな影響を与える．

↓

十分な知識・経験・適切な判断が必要

骨組測量

地形測量に必要な骨組を定める測量．

■ 水平骨組測量（図根点測量） 既知点を利用して新点を増設する．

(a) 図根点

① 機械図根点……三角，トラバース測量にて新点を増設する．
② 図解図根点……機械図根点を利用して，平板で新点を増設する．

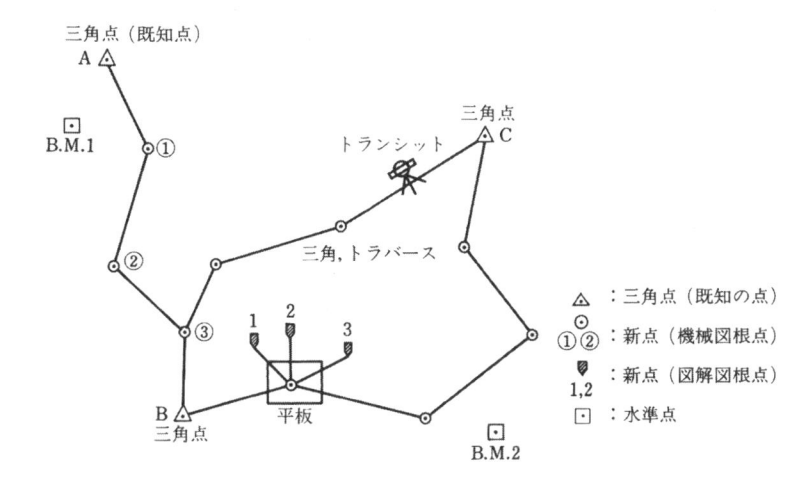

図 6・1 機械図根点と図解図根点

6-1 地形測量の順序

■ 高低差測量

既知の水準点（B.M.）から正確に各図根点の高低差を求める測量．

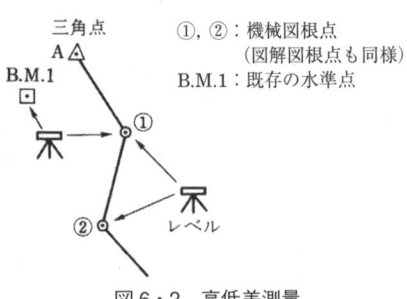

①，②：機械図根点
（図解図根点も同様）
B.M.1：既存の水準点

図6・2　高低差測量

細部測量

骨組測量によって定められた各測線の位置および高さを基準にし，地物・地形を測定，これを一定の縮尺，図式で図示する測量．

■ 地物の測量

人工的な交通施設，建物，自然の河川，植生などの位置を地図上に表示すること．

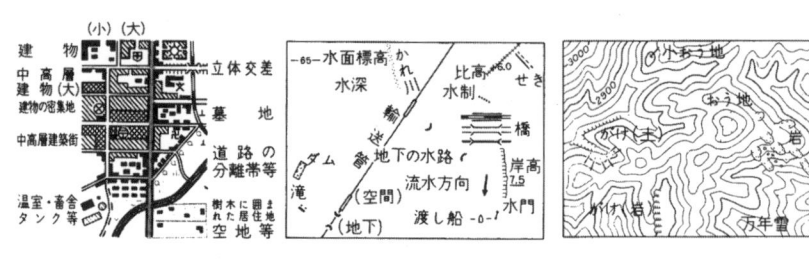

図6・3　地物の表現

■ 地形の測量（地ぼう測量）

地表面の高低起伏の状態を測量し，図面に表すことである．

【等高線による方法】

等高線とは台地や丘，山や谷の形を表現するのに，同じ高さのところをたどった線をいう．

等高線を正確に，能率的に描くためには地性線を基準にする．

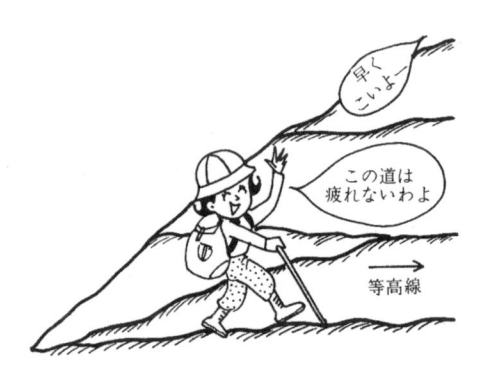

凹凸を平面に

■ 地性線とは

地表面の形状を表す骨組となるもので，次のようなものがある．
① 凸線（陵線）……高く盛り上がった部分を連ねる線．
② 凹線（谷線）……低くくぼんだ部分を連ねる線．
③ 最大傾斜線……傾斜がいちばん急になる方向線．
④ 傾斜変換線……傾斜の違った二つの面が交わってできる線．

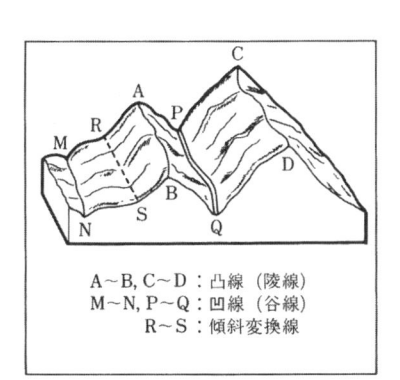

A～B，C～D：凸線（陵線）
M～N，P～Q：凹線（谷線）
R～S：傾斜変換線

図6・4　地性線を表す模型

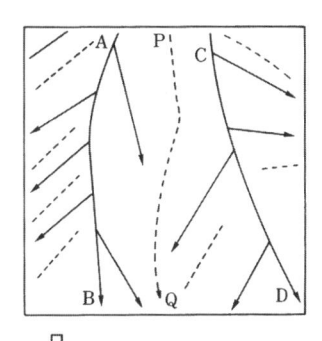

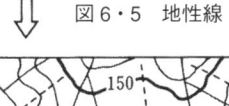

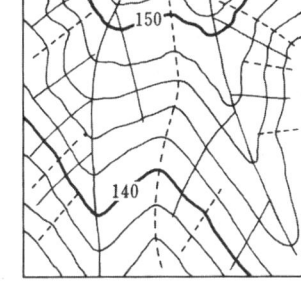

図6・5　地性線

図6・6　等高線の記入

重要 Point　地形測量のポイント

① 適切な縮尺の決定．
② 骨組をしっかりとおさえる（基準点）．
③ 地物の重要点の把握．
④ 地性線を基準とする．

ポイントを
しっかりと！

6-2 地形図

2 コンターはカンタン

> わたしの出番か？

等高線（コンターライン）

同じ高さの地点を連ねた線を等高線といい，土地の高低や，起伏（山や谷の形など）を表現している．

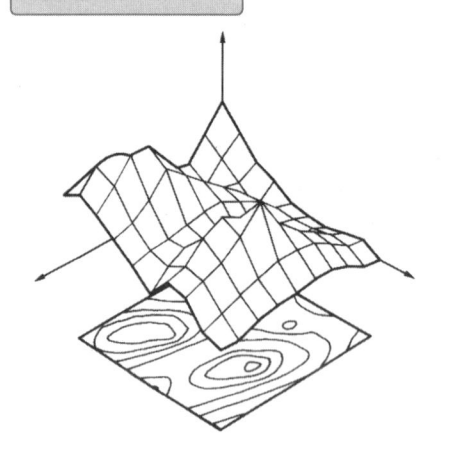

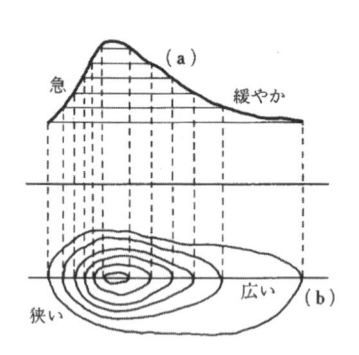

(a)：地形を，一定間隔で切ったもの
(b)：等高線（基準面に投影したもの）

図6・7 鳥かん図（上）と等高線（下）　　　図6・8 等高線

■ **等高線の間隔**　図6・8のように，間隔が狭いほど急な斜面で，広いほど緩やかとなり，縮尺に応じた判読しやすい間隔が必要である．

【等高線間隔の最小限度】

$$0.4 \times \frac{S}{1000} \ [\text{m}] \qquad S：縮尺の分母$$

> これでは困るぞ

コンターはカンタン

■ 等高線の種類

国土地理院発行の地図を見れば，等高線の種類は縮尺に応じ**表 6・1** のようなものがある．主曲線を主体に曲線の 5 本ごとに計曲線を，また傾斜が緩やかなところには補助曲線を入れ等高線を補っている．

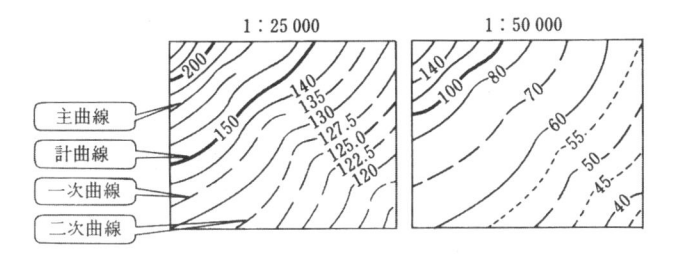

図 6・9　地形図の等高線

表 6・1　等高線の種類と間隔

	計曲線 [m]	主曲線 [m]	補助曲線	
			一次 [m]	二次 [m]
1/50 000	100	20	10	5
1/25 000	50	10	5	2.5
1/10 000	25	5	2.5	1.25

■ 等高線の性質

① 同一等高線上のすべての点の高さは同じである．
② 等高線は急傾斜で間隔が狭く，緩やかな斜面で広くなる．傾斜が一様ならば間隔も等しい．
③ 1 本の等高線は図面の内，または外で必ず閉合する．ただし，がけ・ほら穴などの場合はその部分で交わったり一致することがある．
④ 等高線が図面内で閉合した場合は，その内部は山頂か凹地であり，区別するため，凹地には低地のほうに矢印をつける．
⑤ 等高線は凸線，凹線，最大傾斜線とは直交する．
⑥ 等高線と等高線の間は連続した平面であると考える．

3 同じ高さの人は一列に

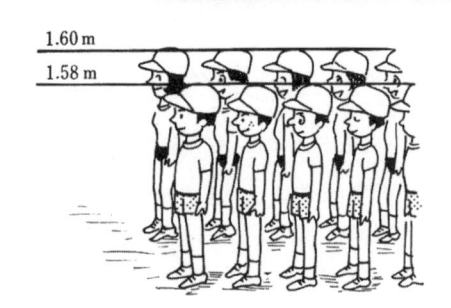

6-3 等高線の測定

コンターの測定　等高線の測定は，まず主要な地性線を測定し，山頂，陵線，あん部，谷などの諸点を決定する必要がある．

■ **直接法**　主として大縮尺の地形測量に用いられ，見通しのよい緩傾斜地に適している．

平板を用いた直接法（2 m 等高線記入例（**図 6・10**））は，次のような手順で行う．

① 平板を任意の A 点におき，A の標高を求める．
$H = 41.5$ m

② 平板の器械高 $H+i$ を求める．
$41.5 + 1.1 = 42.6$ m

③ 2 m 間隔の等高線であるから，この位置では 40 m，42 m の等高線を考える．

④ 42 m 等高線 $42.6 - 42.0 = 0.6$ m，0.6 m の位置に目標板をつけ，その位置を順次平板測量する（a_1, a_2, a_3, ……）．

⑤ 40 m 等高線 $42.6 - 40.0 = 2.6$ m，2.6 m の位置に目標板をつけ，その位置を順次平板測量する（b_1, b_2, b_3, ……）．

図 6・11 は A 点より平板で描かれた 40 m，42 m の等高線である．

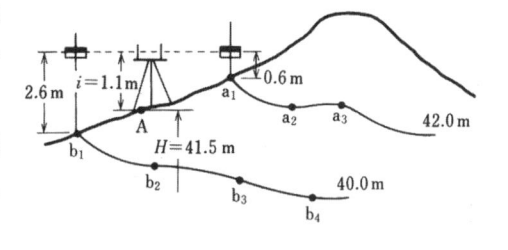

図 6・10

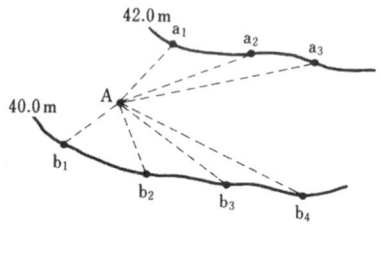

図 6・11

同じ高さの人は一列に

■ **間接法**　縮尺が小さくなると直接法では難しく間接法による測定が多い．

間接法には，座標による方法，横断測量の結果を利用する方法，地性線上の座標を利用する方法などがあるが，ここでは座標による方法を説明する．

① 座標点法 図 **6・12 (a)** のように測量しようとする地域を正方形または長方形に分け，各交点の高さをレベルを用いて測定する（点高法ともいう）．図 6・12 (a) は測量地域を長方形に分け各点の標高をレベルを用いて測定し記入したもの

② 等高線の描き方（1m 間隔（図 **6・12 (b)**）：各辺の間を通過する等高線はおおよその比例配分で決定する．

（注）等高線の性質を考えながら，相互の位置を確認しながら描いていく．

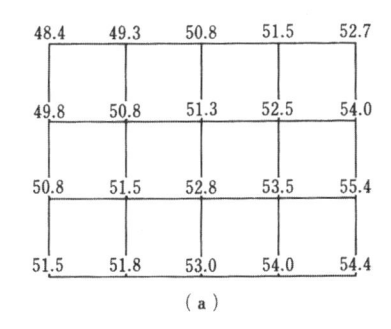

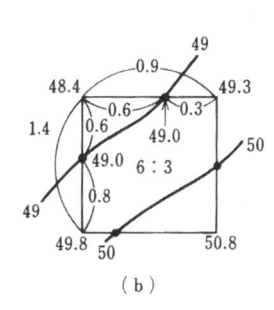

図 6・12

図 **6・13** は，図 6・12 の測定結果をもとに 1m 間隔の等高線を描いたものである．

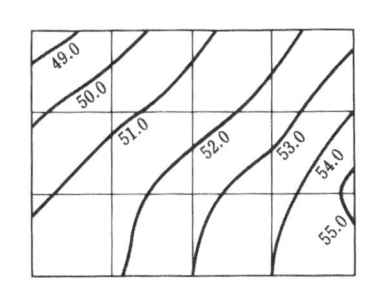

図 6・13

現地をよく見てからなめらかに

4 プラニメータの出動

6-4 等高線の利用

断面図の作成

断面図の作成は，次のような手順で行う（**図 6・14**）．

① 図 6・14 (a) のように任意の断面に A-A 線を引き，等高線との交点を 1, 2, 3 …… とする．

② 図 6・14 (b) のように A-A 線に平行な基準線 A′-A′ を引く．縦軸に交点 1, 2, 3 …… の標高の目盛，横線（標高線）を引く．

③ 交点 1, 2, 3 …… 図 (a) より鉛直線を下ろし，図 (b) の同じ標高との交点を求め 1′, 2′, 3′, …… とする．

④ 1′, 2′, 3′, …… をなめらかな曲線で結ぶ．

図 (b) において縦軸の縮尺は傾斜の変化を見分けやすくするため横軸より大きくとる場合が多い．

B-B 断面図の作成も同様にして行う．

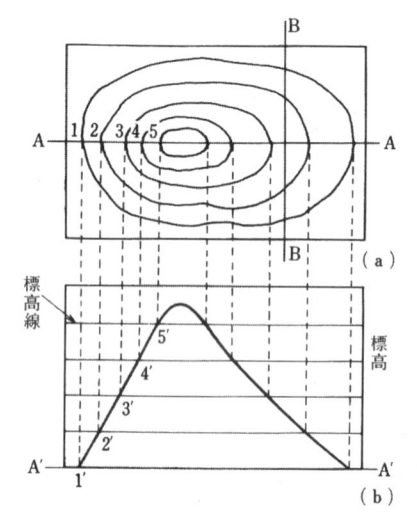

図 6・14　鉛直断面図の作り方

プラニメータの出動

等こう配線を求める方法

等こう配線は，一定の傾斜をもった地表面上の線で鉄道や道路などの路線選定に用いられる．

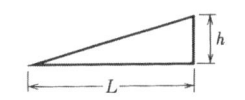

こう配を $i\%$ とすれば

$$\frac{h}{L} = \frac{i}{100} \quad \therefore L = \frac{100h}{i}$$

ただし，h：等高線間隔
　　　　L：水平距離
　　　　i：こう配

i〔%〕のこう配を持ち h の高低差における2点の図上距離 l は，縮尺を $1/m$ とすると

$$l = L\frac{1}{m} = \frac{100h}{i \cdot m} \quad (6 \cdot 1)$$

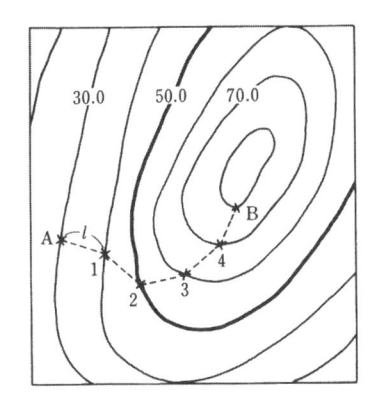

図6・15　等こう配線の記入方法

■ 等こう配線の記入方法（図6・15）

① 式（6・1）で計算した l を，デバイダに取る．

② 出発点Aから1線ずつ上の等高線を順次，A-1，1-2，2-3…のように切っていく．

③ A-1，1-2，2-3…-Bを結べばこれが等こう配線である．

図6・16 は等高線を利用した道路改良例である．

等高線を利用した面積・体積の計算例は4章「**11 点高法**」（p.120）を参照．

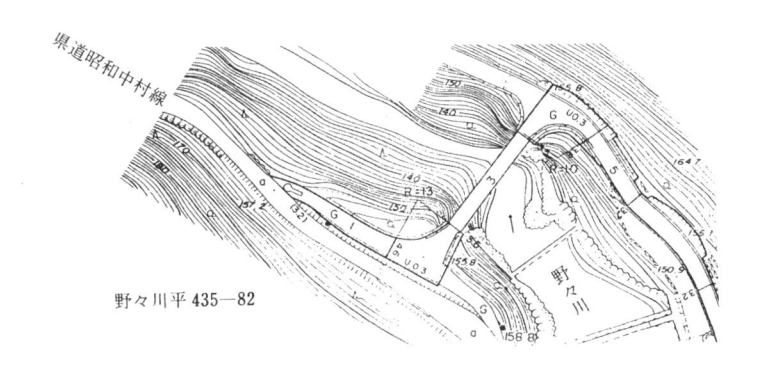

図6・16　等高線を利用した道路改良例

5 誰でもわかる統一図式

6-5 国土地理院地形図

> **地　図**　　地図には直接測量による地形図と，間接つまり編集による編集図がある．

地図の種類には国土基本図，国土調査による地図，公共測量地図，数値地図，編集図などがある．

> **国土基本図**　　すべての測量の基礎となる基本測量によって，建設省国土地理院が行う地形測量によるもの．

代表的な地図の種類と大きさを示すと**表6・2**のようになる．

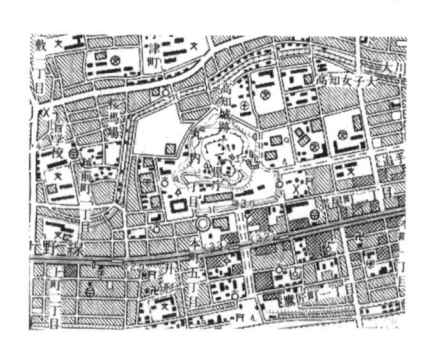

図6・17　1/25 000の地図形
（出典：国土地理院）

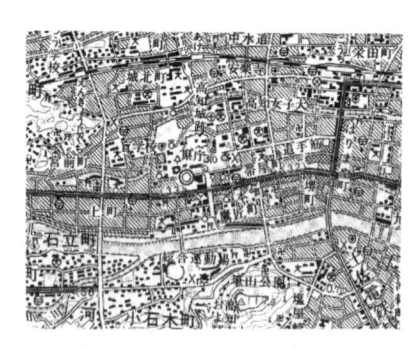

図6・18　1/50 000の地図形
（出典：国土地理院）

表6・2　地図の種類と大きさ

種類	名　称	縮　尺	種類	名　称	縮　尺
地形図	国土基本図	1/2 500	編集図	地勢図	1/200 000
		1/5 000		分県図	1/200 000
		1/10 000		地方図	1/500 000
		1/25 000		日本全図	1/2 000 000
		1/50 000			

誰でもわかる統一図式

図式

地図の作成にあたり，地物を表示するための記号や大きさ，線の太さなどを決めたものであり，表 6・3 は国土基本図の 1/25 000 地形図と，1/200 000 地勢図の図式の抜粋である．

表 6・3　地物の表示記号（出典：国土地理院）

1/25 000 地図形

	トンネル／幅員 13.0 m 以上の道路
	幅員 5.5 m ～ 13.0 m の道路
	幅員 3.0 m ～ 5.5 m の道路
	幅員 1.5 m ～ 3.0 m の道路
	幅員 1.5 m 未満の道路
(14)	国道および路線番号
	庭園路等
	建設中の道路
	有料道路および料金所
単線 駅 複線以上 (JR線)	普通鉄道
側線 地下駅 (JR線) トンネル	
	地下鉄および地下式鉄道
	特殊軌道
	路面の鉄道
	索道
(JR線)	建設中または運休中の普通鉄道
	橋および高架部
	切取部および盛土部
	送電線
	へい
	石段
	都・府・県界
	北海道の支庁界
	郡・市界，東京都の区界
	町・村界，指定都市の区界
	所属界
	植生界
	特定地区界
△52.6	三角点
⌂	電子基準点
⊡21.7	水準点

◎	市役所／東京都の区役所
○	町・村役場／指定都市の区役所
⊙	官公署（特定の記号のないもの）
⚖	裁判所
◈	税務署
✶	森林管理署
⊙	測候所
✕	警察署
X	交番・駐在所
Y	消防署
⊕	保健所
〒	郵便局
⚐	自衛隊
✿	工場
発	発電所・変電所
★	小・中学校
⊛	高等学校
⊕	大学／高専
⊕	病院
〒	神社
卍	寺院
∴	高塔
ᨊ	記念碑
⛫	煙突
⚡	電波塔
⛯	油井・ガス井
⚑	灯台
⚒	坑口・洞口
⛫	城跡
⚘	史跡・名勝／天然記念物
⛲	噴出口・噴火口
♨	温泉・鉱泉
⛏	採鉱地
⚒	採石地
⚓	重要港
⚓	地方港
⚓	漁港

田		広葉樹林	
畑・牧草地		針葉樹林	
果樹園		はいまつ地	
桑畑		竹林	
茶畑		しの地	
その他の樹木畑		やし科等樹林	
		荒地	

1/200 000 地勢図

有料の部分	幅員 13.0 m 以上の道路
	幅員 5.5 m 以上の道路
国道番号 125	幅員 3.0 m 以上の道路
	幅員 1.5 m 以上の道路
	小道
単線 駅 複線以上 (JR線)	普通鉄道
	森林鉄道等
	索道
	堤防
	都・府・県界
	北海道の支庁界
	国界
	市界／東京都の区界
	町・村界／指定都市の区界
◎	都・道・府・県庁
◎	市役所／東京都の区役所
○	北海道の支庁
○	町・村役場／指定都市の区役所
✕	警察署
〒	郵便局
★	学校
⚐	自衛隊
✿	工場
発	発電所
⛏	鉱山
⛯	油田・ガス田
→	流水方向
〒	神社
卍	寺院
⚘	史跡名勝
⛩	陵墓
⛫	城および城跡
♨	温泉・鉱泉
⛲	噴出口・噴火口
△	三角点
・	標高点
✈	飛行場
⚓	重要港
⚓	地方的に重要な港
⚓	小港
⚑	灯台
	田
	畑

新しく追加された図式

🏛 博物館　　📖 図書館

6 快適で楽しい空の旅

6-6 写真測量の種類と順序

写真測量　写真測量とは写真上で測量して，地形図の作成や地形の判読，測定，調査を行う作業である．

(a) 空中写真　　　(b) 空中写真図

図6・19　空中写真（出典：国土地理院）

写真測量の種類

■ **空中写真測量**

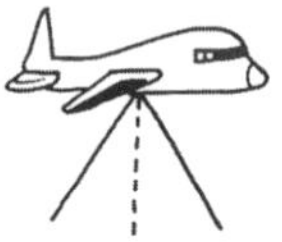

空中から撮影した写真を用いる測量．

① 垂直写真測量：垂直とはカメラの光軸の傾きを5°以内にして撮影したもので，傾きが0°のものを→鉛直写真．

② 斜め写真測量：カメラの光軸を傾けて撮影した写真を用いる．

■ **地上写真測量**　地上で撮影した写真を用いる測量．

写真の撮影　空中写真は空中より，目的の撮影地域を約60％ずつ重複して撮影する．撮影時飛行機は一定の高度，速度，となるようにし，特に撮影時の傾きに注意する．

快適で楽しい空の旅

空中写真測量の順序

従来，手作業で行われてきた地図の編集，製図作業もコンピュータ支援システムによる画像処理，地図自動編集により高精度でかつ効率的に処理されている．

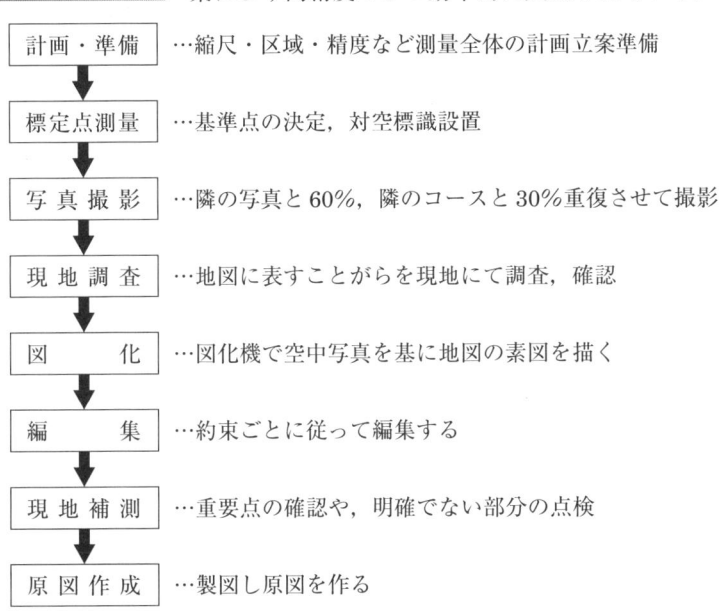

- 計画・準備 …縮尺・区域・精度など測量全体の計画立案準備
- 標定点測量 …基準点の決定，対空標識設置
- 写真撮影 …隣の写真と60％，隣のコースと30％重復させて撮影
- 現地調査 …地図に表すことがらを現地にて調査，確認
- 図化 …図化機で空中写真を基に地図の素図を描く
- 編集 …約束ごとに従って編集する
- 現地補測 …重要点の確認や，明確でない部分の点検
- 原図作成 …製図し原図を作る

写真測量に用いる主な機材

① 撮影のため
- 飛行機，カメラ（レンズの種類として広角，普通）
- 高度差記録計（撮影時の高度差測定）
- 対空標識

② 図化をするため
- 偏位修正機（写真の焼付け機）
- 図化機（実体測量は写真測量の中で最も重要な作業であり，精密な実体図化機が必要である）

6-7 空中写真の性質

7 飛行機旅行には搭乗手続を

特殊3点

写真上の特殊3点（主点・鉛直点・等角点）は写真測量では測定上重要な要素である（図 **6・20**）。

① 主　点……撮影された写真の中心点（m）。
② 鉛直点……レンズの中心を通る鉛直線と画面の交点（n）。
③ 等角点……光軸とレンズの中心を通る鉛直線との交角を2等分する線と画面との交点（j）。

m, n, j に対する地上の点を M, N, J とする。

鉛直写真であれば図 **6・21** のように鉛直点 n, 等角点 j は主点 m に一致する。

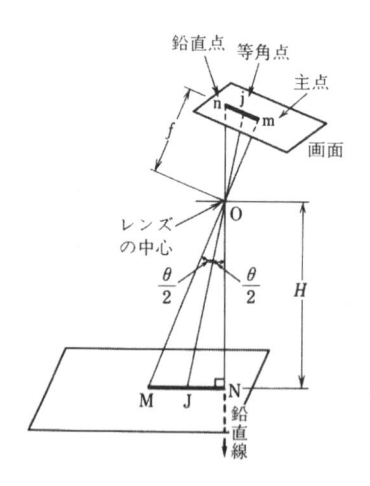

図6・20　特殊3点

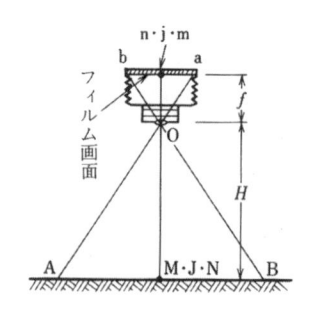

図6・21　鉛直写真

写真の縮尺（鉛直写真の場合）

■ **写真の縮尺**　凹凸のない場合写真画面上はどこでも同じである．写真画面と正しい地図（相似形）．

写真縮尺 $M\left(=\dfrac{1}{m}\right)$ は

$$\left.\begin{array}{l}\dfrac{1}{m}=\dfrac{ab}{AB}=\dfrac{f}{H}\\ H=f\cdot m\end{array}\right\} \quad (6\cdot 2)$$

H：撮影高度〔m〕
f：カメラの焦点距離〔m〕
H_0：基準面よりの高さ〔m〕

図 6・22　写真の縮尺

〔例 6・1〕　**縮尺に関する例題**
撮影高度 3 000 m の飛行機上から焦点距離 $f=150$ mm のカメラで撮影したとき，長さ 40 m の橋は写真上でいくらに写っているか．

〔解〕　式 (6・2) より

$$\dfrac{1}{m}=\dfrac{ab}{AB}=\dfrac{f}{H}=\dfrac{l}{L}$$

$$\therefore\ l=L\dfrac{f}{H}=40\times\dfrac{0.15}{3\,000}$$

$$=0.002\text{ m}$$

$$=2\text{ mm}$$

この場合の縮尺 M は

$$M=\dfrac{f}{H}=\dfrac{0.15}{3\,000}=\dfrac{1}{20\,000}$$

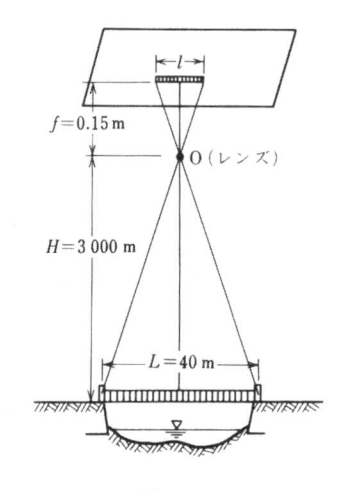

図 6・23

地面に凹凸がある場合には

　　地面が高い場合（H が小）→ 縮尺が大 → 地物は大きく写る．
　　地面が低い場合（H が大）→ 縮尺が小 → 地物は小さく写る．

6-7 空中写真の性質

写真のひずみ

■ カメラの傾きによるひずみ

鉛直写真に修正してひずみを取り除く．

■ 土地の高低差によるひずみ

どれだけひずんでいるか → ひずみ量を計算する．

ひずみ量から地物の → 高低差を知る．

煙突 A の正投影の位置は → A′

煙突 A′ の写真上の位置は → a′

↓ 高低差があるため

$\left.\begin{array}{l} A \to a \\ A' \to a' \end{array}\right\}$ に写る．

$$aa' = \Delta d$$

高低差によるひずみとなる．

ひずみ量 Δd は図 6・24 より

$$\frac{\Delta d}{f} = \frac{AA''}{H-h}$$

$$\frac{d-\Delta d}{f} = \frac{AA''}{h} \;\Rightarrow\; \Delta d = \frac{h \cdot d}{H} \tag{6・3}$$

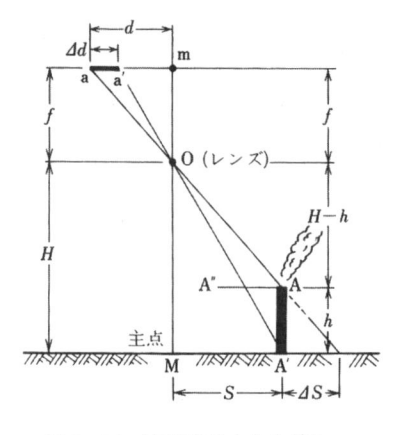

図 6・24 高低差によるひずみ

〔**例 6・2**〕 図 6・24 において $f = 15\,\text{cm}$，$M = 1/10\,000$ で撮影された写真について，主点 m から煙突の先端までが 8 cm であり，この煙突のひずみが 4 mm であるとき煙突の高さを求め，現地盤の主点 M から煙突までの距離を求めよ．

〔**解**〕 式 (6・2) より撮影高度は

$$H = \frac{f}{M} = 0.15 \times 10\,000 = 1500\,\text{m}$$

ただし，$d = 8\,\text{cm}$，$\Delta d = 0.4\,\text{cm}$，$H = 1500\,\text{m}$ であるから式 (6・3) において，煙突の高さ h は

$$h = \frac{\Delta d}{d} H = \frac{0.4}{8} \times 1500 = 75\,\text{m}$$

また，主点からの距離 S は，写真上の距離 $d - \Delta d$ の縮尺倍であるから

$$S = (d - \Delta d) \cdot m = (8 - 0.4) \times 10\,000 = 76\,000\,\text{cm}$$
$$= 760\,\text{m}$$

視差差と高低差

立体視するために撮影間隔 B で一対の写真を考える（図 6・25）.

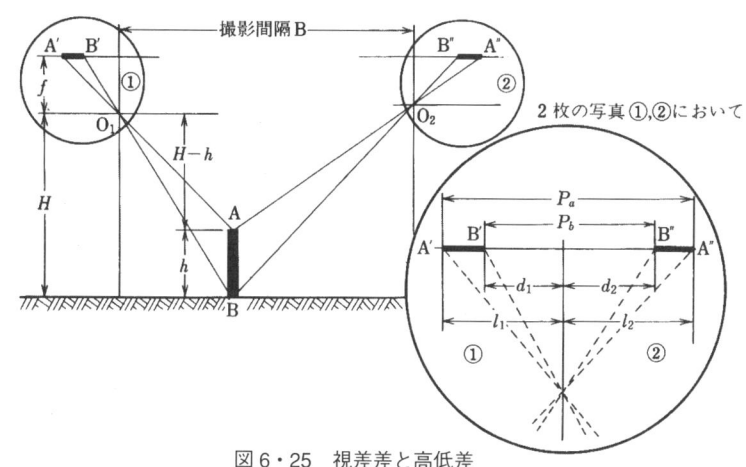

図 6・25 視差差と高低差

■ **視差（横視差）** カメラの位置によって生じる写真上の像点の位置の違い. 図 6・25 では $(l_1 + l_2)$ または $(d_1 + d_2)$ である. 高さの等しい地点の視差はいずれも等しい.

■ **視差差** 視差（横視差）の差のこと

$$視差差\ dP = (l_1 + l_2) - (d_1 + d_2) = P_a - P_b \tag{6・4}$$

また，高さで表すと

$$dP = \frac{fB}{H-h} - \frac{fB}{H} = \frac{fB}{H}\left(\frac{h}{H-h}\right)$$

b は写真上の主点間隔 $b = \dfrac{B}{H}f$ であるから

$$dP = b\left(\frac{h}{H-h}\right) \tag{6・5}$$

視差差から高低差を求めるには式（6・5）から

$$h = \frac{HdP}{b+dP}$$

b に比べ dP が非常に小さい場合には分母の dP は無視できるので，一般的には

$$h = \frac{HdP}{b+dP} \tag{6・6}$$

8 立体的に見てみよう

6-8 写真の実体視

両目で見れば立体的に！

写真の実体視とは

実体視とは2枚の重複した空中写真を使って立体的に見ること．

実体視の方法には，次の2種類がある．

実体視 { 反射式実体鏡による実体視
       肉眼による実体視

■ **反射式実体鏡による方法（図6・26）**

① 重複した一対の写真の主点 P_1, P_2 を求める．

② P_1, P_2 に対応する点を移写し P_1', P_2' とする（P_1P_2', P_2P_1' を主点基線という）．

③ 二つの写真の主点基線を一直線になるように固定する．

このとき P_1P_1' の間隔は約 25 cm とする．

④ 固定した写真の上に反射式実体鏡を置き実体視すると，図が立体的に見える．このときまだ完全に像が結ばれていない場合は，さらに写真間隔を微調整する必要がある．

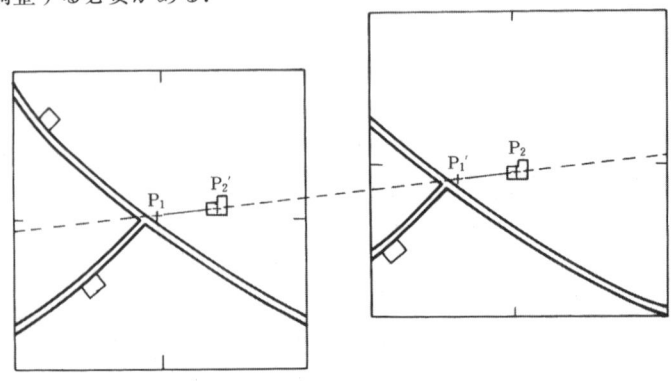

図6・26

立体的に見てみよう

【反射式実体鏡と視差測定かん】

図 **6・27** は反射式実体鏡である．視線を反射平面鏡およびプリズムで屈折させ，反射像をレンズによって拡大した実体視ができるようになっている．

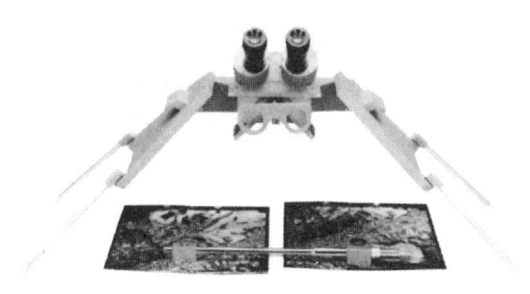

図 6・27

■ 肉眼実体視の練習

ここでは簡単な図を使って肉眼実体視の練習をしてみよう．

① 図のように二つの黒点がある．右の黒点を右眼で，左の黒点を左眼でぼんやり眺めながら顔を近づけていく．やがて左右の黒点が中央で重なる．
そして，顔を遠ざけても，いつまでも重なるように繰り返し練習をする．

② 黒点が重なりだしたら，同じ要領で下図に挑戦をしてみよう．立体的に見えだしたら肉眼による実体視は卒業だ．

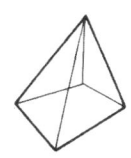

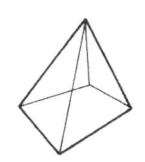

6-9 空中写真の利用

空中写真は多芸多才！

　　　　　　　　　空中写真の判読とは写真上に写っているさまざまな要
　空中写真の判読　素が何であるかを判定する仕事である．
　　について　　　判読の良否は空中写真の利用価値，図化作業の精度に
影響を与えるため重要な仕事である．

■ 判読の要素
　(1) 撮影条件　撮影年月日，天候，高度，写真機の種類，使用フィルムなど．
　(2) 三要素
　　① 形態……縮尺を理解し，写真上の平面形を大きさと形状により判断する．
　　② 陰影……太陽による影を判読の手がかりとする．
　　③ 色調……写真の白黒の濃淡（色調）を判読の材料とする．
　　これらは特に判読の三要素といわれ，十分理解する必要がある．
　(3) 実体視による立体像．
　(4) その他，その地方の特色，地図，他の写真など．

■ 最近の写真図（コンピュータの利用）
　正射写真地図作成装置（ADAPS）により，見やすいカラー写真図が作成されている．

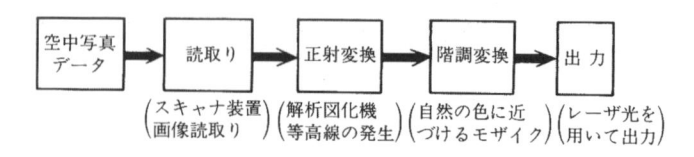

空中写真データ	→	読取り	→	正射変換	→	階調変換	→	出力
		(スキャナ装置 画像読取り)		(解析図化機 等高線の発生)		(自然の色に近づけるモザイク)		(レーザ光を用いて出力)

空中写真は多芸多才！

空中写真の利用

写真図の利点
① 地物がありのまま写っている……誰にでも容易に判読できる．
② 情報量が多い……あらゆる面に利用．

利用方法

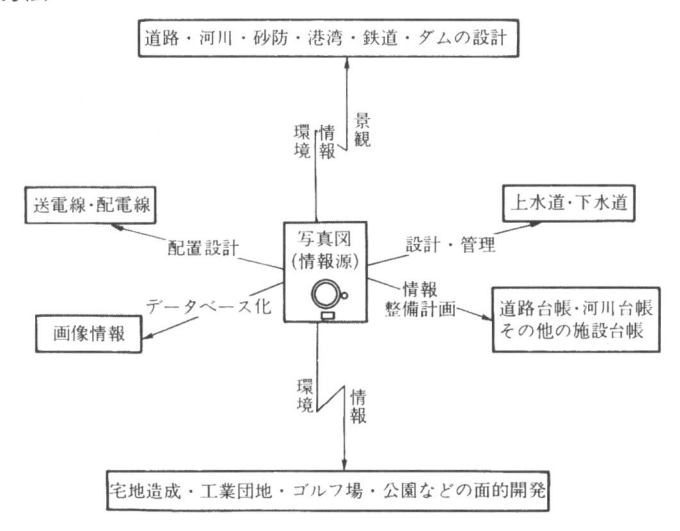

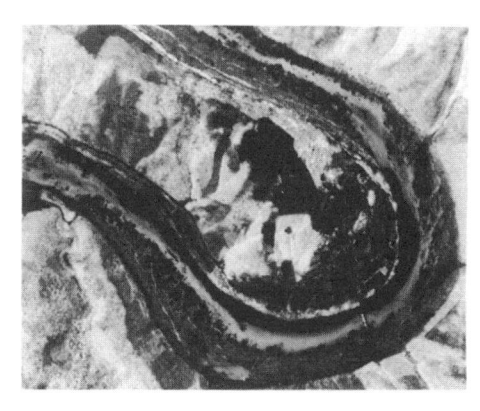

```
                    道路・河川・砂防・港湾・鉄道・ダムの設計
                              ↑
                        環境  情報  景観
                              │
 送電線・配電線                             上水道・下水道
      ↖ 配置設計   写真図   設計・管理 ↗
                 (情報源)
      ↙ データベース化         情報     ↘
 画像情報                     整備計画    道路台帳・河川台帳
                                         その他の施設台帳
                              │
                        環境  情報
                              ↓
          宅地造成・工業団地・ゴルフ場・公園などの面的開発
```

図 6・28 四万十川上流の空中写真

6章のまとめ

(1) 地形測量の概要

　　地形測量……地形図作成のための測量

　　地 形 図……平面と考える区域に分割した土地を，一定の縮尺や記号を用いて図化したもの．

　　地形図は $\begin{cases} 大区域の場合……写真測量 \\ 小区域の場合……平板測量 \end{cases}$

　　地形図は地表面の高低差が表されており，工事の計画や設計などに役立っている．

(2) 地形図作成の概略

　　写真撮影……写真は空中から撮影地域を約60％ずつ重複し撮影する．
　　図化素図……図化機で空中写真を立体観測して素図を描く．
　　現地調査……地図に表すことがらを現地において調査・確認をする．
　　製図原図……地図にするために約束ごとに従って編集し，記号化し製図する．
　　印　　刷……刊行図とする．

(出典：国土地理院)

これからの測量技術

7章

1 宇宙からのメッセージ

7-1 VLBI 測量

はるか宇宙のかなたより…

宇宙技術を活用したものに「VLBI 測量」がある．このような宇宙技術を利用した測量技術によって，これまで困難とされていた遠距離間の位置測定がより正確にできるようになってきた．

VLBI 測量（Very Long Baseline Interferometer：**超長基線電波干渉計**）
―宇宙の電波で大地を測る―

数十億光年のかなたにある電波星（準星）から放出される電波を地表の 2 地点で同時に観測し，その**到達時間の差 ΔT** から 2 点間の相対位置関係を高精度で決定するものである．1981 年に国土地理院が開発に着手した．

星が測量の情報源

かなたにある宇宙の電波星から放出される電波
↓
地上の 2 地点で同時観測
↓
電波の到着する時間差 ΔT を測定
↓
2 地点の位置関係（距離）を決定

図 7・1　VLBI 装置の受信アンテナ

宇宙からのメッセージ

VLBI 測量の原理

求める AB 間の距離

$$S = \frac{C \cdot \Delta T}{\cos \theta}$$

ただし，C：電波の速さ

ΔT：到達時間差

（注）2 地点に入射してくる電波は平行であるとみなす

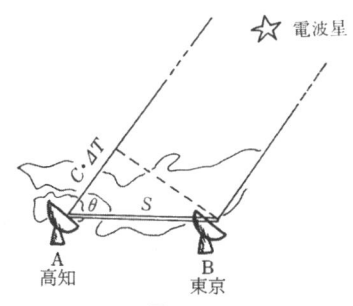

図 7・2

VLBI 測量の特徴

非常に離れた 2 点間の距離測定が可能になった．

① 何千 km 離れていても非常な高精度で距離測定ができる．
② 準星からの電波を利用するから，昼夜を問わずに観測できる．
③ 電波利用ゆえ天候に左右されない．

VLBI 測量の利用

① 精密測地網の規正 → 高精度で非常に正確な位置を決定して修正・規正する．
② 地球の温暖化による海面上昇の監視 → 地球規模での高さの測定が必要．
③ GPS 測量の基準（基線長）を与える．
④ プレート運動の検出 → 地震予知の貴重な基礎データを得る．

将来的には，GPS 測量と同様，VLBI 測量は地震予知に大きく貢献するであろう……！！

（例）1987 年と 1989 年に実施した観測
　　　（太平洋上の小笠原諸島・父島）

2 年間で 7.4 cm，本州側に移動している．
　　　↓
3000 万年後には九州の下に沈む．
『日本における大規模地震の主な原因』
フィリピン海プレートが日本列島に沈み込む．
　　　↓
ひずみの蓄積
　　　↓
ひずみが限度になるとプレートが跳ね上がる．
　　　巨大地震の発生！

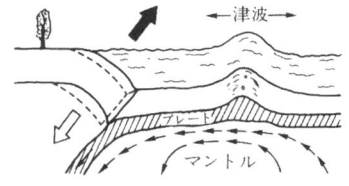

図 7・3　プレートテクニクス論

2 地形を読み取る

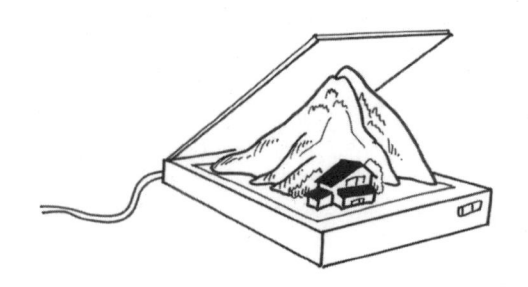

7-2 レーザースキャナ測量

面を測る

レーザースキャナ測量には，航空レーザースキャナ測量と地上レーザースキャナ測量がある．観測は対象物の3次元位置をレーザーで測定し，これまでの測量が点の測定であるのに対し面を測定とする方法といえる．

■ 航空レーザースキャナ測量

航空機に搭載した機器から地上に向けてレーザーを発射し，地上から反射されるレーザーの時間差と航空機の位置・姿勢情報から地形の3次元位置を求める方法である．空中写真測量に比べ対空標識の設置や基準点測量を省略できるため，手早く地形データを得ることができる．

図7・4 航空レーザースキャナ測量

■ 地上レーザースキャナ測量

航空レーザースキャナ測量に比べて観測範囲は狭くなるが，観測精度や機動性に優れている．

レーザーの往復時間と発射した方向より距離と角度を算出し，地形の3次元位置を求める方法である．200mの計測距離で，1秒間に約数千点を観測することができるため，急傾斜地やがけ崩れなどの危険な場所でも安全に地形データを得ることができる．

図7・5 地上レーザースキャナ測量

地形を読み取る

利用例

レーザー測量の利用例には次のようなものがある．

■ ダムの貯水量算定

「従来に比べて数日で観測できる」

■ トンネル内の断面計測

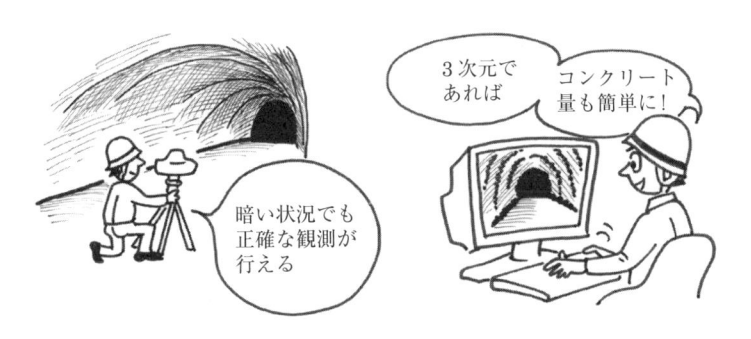

「暗い状況でも正確な観測が行える」

「3次元であれば」「コンクリート量も簡単に！」

3 デジタルたんす

7-3 GISとは

地図情報や属性情報がいっぱい！

地図に情報を載せる

GIS（Geographic Information System：地理情報システム）は、「○○の地図があったら…」をかなえてくれる、地図作成の道具として広く使われている．地図作成に必要な情報はデータベースで管理・更新され、情報ごとのレイヤー（画層）を統合・分析することで、目的に合った地図が作られている．身近なGISの利用例であるカーナビゲーションは、地図情報にGPSの単独測位で得た車の位置を属性情報として重ね合わせたものであり、また目的地までの最短経路などは目的地や自分の位置、道路情報など複数の属性情報から分析したものである．

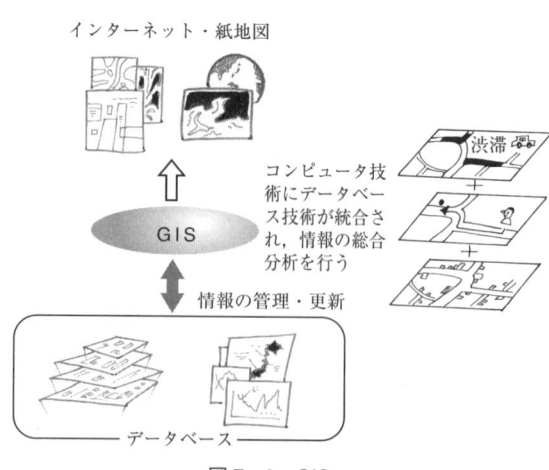

図7・6 GIS

■ **地図情報**　地図情報には、ベクター地図とラスター地図がある．
- ベクター地図とは、図形の形状を点、線、面に分け、それぞれを座標値と長さの組合せで表したものである．
- ラスター地図とは、表面（平面）を細かいメッシュに分割して表したものである．

■ **属性情報**　属性情報には、点・線・面で表された位置情報や、衛星写真・航空写真などの画像データがある．

デジタルたんす

ベクター地図
(X_2, Y_2)
(X_4, Y_4)
(X_1, Y_1)
(X_3, Y_3)

地形図

データ内容は座標で表す

ラスター地図

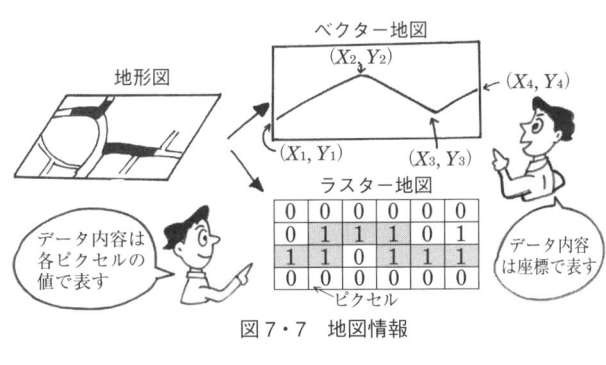

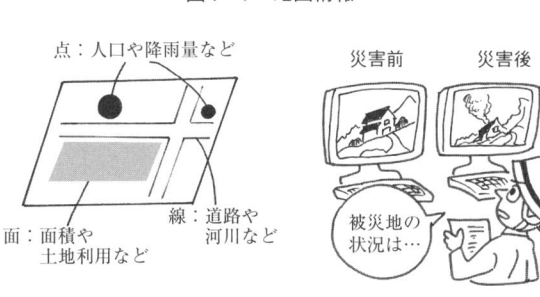

0	0	0	0	0	0
0	1	1	1	0	1
1	1	0	1	1	1
0	0	0	0	0	0

ピクセル

データ内容は各ピクセルの値で表す

図7・7　地図情報

点：人口や降雨量など
線：道路や河川など
面：面積や土地利用など

災害前　災害後

被災地の状況は…

図7・8　属性情報

利用例

　2030年までに50％の確率で起こるといわれている南海大地震に備え，各自治体では被害予想図や避難経路などの防災計画や，災害に強い街づくりのための都市計画にGISを使用している．

図7・9　堤防や水門が機能しない場合の浸水予測図（出典：高知県庁HP）

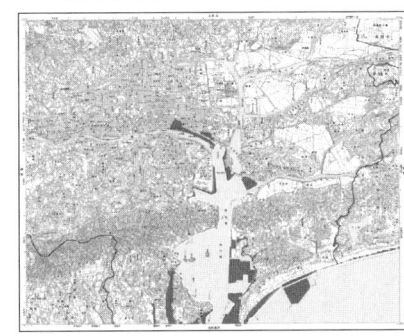

図7・10　堤防や水門が機能する場合の浸水予測図（出典：高知県庁HP）

避難経路は？

167

7章のまとめ

【電子国土の実現へ】

　これからの社会には,「いつでも,どこでも,だれでも」利用できる地理情報の整備が求められており,この実現のため,最新の測量技術が位置情報・空間情報・防災情報の収集やデータの加工に用いられている.

(1) 位置情報
　　国家基準点の整備　　：電子基準点,三角点,水準点の設置
　　位置情報基盤の構築　：TS, GPS, VLBI 測量による基準点情報
　　地殻変動の監視　　　：GPS 連続観測やよる地震・火山情報

(2) 空間情報
　　空間情報基盤の構築：衛星,空中写真,レーザースキャナ測量による数値地図
　　　　　　　　　　　　（GIS の基盤）や地形図の整備・更新

(3) 防災・減災情報
　　ハザードマップの整備：デジタル空間情報による浸水被害予測など

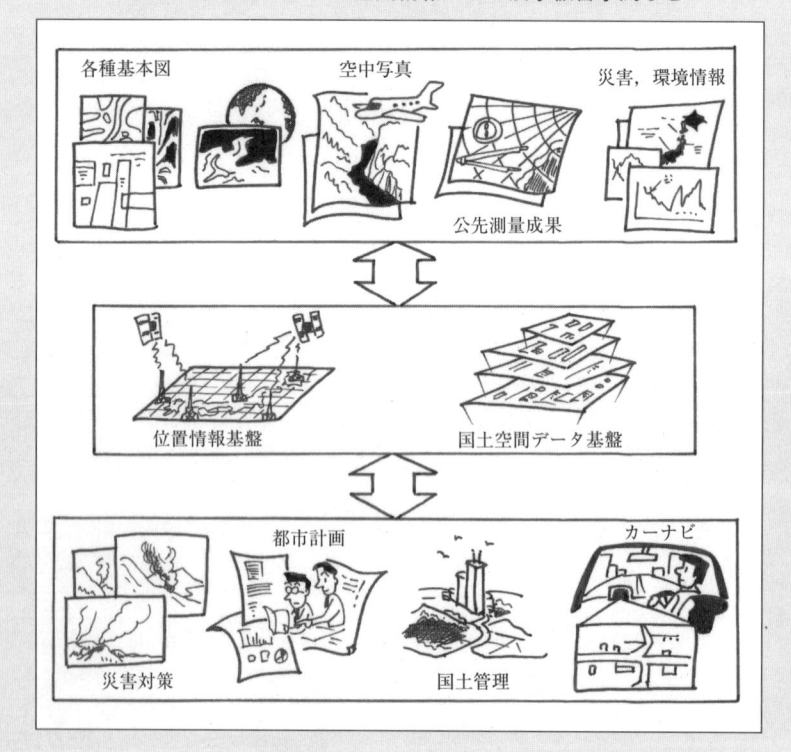

参 考 文 献

1) 高田誠二：単位の進化，講談社
2) 農業土木歴史研究会編：大地への刻印，公共事業通信社
3) 高田誠二：計る・測る・量る，講談社
4) 多湖輝：頭の体操　第9集　びっくり地球大冒険，光文社
5) 大浜一之：建築・土木の雑学辞典，日本実業出版社
6) 岡部恒治：マンガ・数学小辞典　基本をおさえる，講談社
7) 小田部和司：図解土木講座　測量学，技報堂出版社
8) 高橋裕，他：グラフィック・くらしと土木　国づくりのあゆみ，オーム社
9) 山之内繁夫，五百蔵粂，他：測量1，測量2，実教出版
10) 森野安信，他：測量士補受験用　図解テキスト1・4，市ヶ谷出版
11) 村井俊治　企画・監修：サーベイ・ハイテク50選，日本測量協会
12) 建設省国土地理院発行パンフレット
13) 嘉藤種一：地形測量，山海堂
14) 佐田達典：GPS測量技術，オーム社
15) 長谷川昌弘：基礎測量学，電気書院
16) 測量と測量機レポート，株式会社ソキア
17) 社団法人 日本測量協会パンフレット

索　引

ア行

アリダード	77
緯　距	66
緯　度	18
伊能忠敬	8, 15
陰　影	158
インバール巻尺	23
内　業	5, 33
鉛直角	44
鉛直距離	22
鉛直点	152
横　距	92
凹　線	141
横断測量	116
オフセット測量	33
オフライン方式	87
オンライン方式	87

カ行

開トラバース	55
較　差	42
仮定網平均計算	133
下部運動	39
下部締付ねじ	39
下部微動ねじ	39
間接水準測量	101
観測記簿	132
観測差	42
器械高	103
機械図根点	139
器械定数	29
器械的誤差	20
器高式	106
気　差	124
基準面	100
キネマティック方式	129
基本水準面	100
逆トラバース計算	49
球　差	124
求　心	38, 78
曲率誤差	124
許容誤差	109
切取高	119
切取面積	119
キルビメータ	97
偶然誤差	20
屈折誤差	124
経　距	66
計曲線	143
傾斜変換線	141
軽重率（重み）	21
形　態	158
経　度	18
結合トラバース	55
合緯距	72

■ 索　引

交角法 …………………………… 58	斜距離 …………………………… 22
合経距 …………………………… 72	尺定数 …………………………… 30
航空レーザースキャナ測量 …… 164	十字線 …………………………… 39
交互水準測量 …………………… 108	縦断測量 ………………………… 114
後　視 …………………………… 103	主曲線 …………………………… 143
高低角 …………………………… 44	縮　尺 …………………………… 138
高低差 …………………………… 103	主　点 …………………………… 152
高度定数 ………………………… 45	昇降式 …………………………… 104
光波測距儀 ……………………… 28	上部運動 ………………………… 39
鋼巻尺 …………………………… 22	上部締付ねじ …………………… 37
国土基本図 ……………………… 148	上部微動ねじ …………………… 37
個人誤差 ……………………… 20, 31	新メートル法 …………………… 4
弧度法 …………………………… 34	
コンターライン ………………… 140	水準原点 ………………………… 100
コンパス法則 …………………… 70	水準点 …………………………… 100
	垂直写真測量 …………………… 150

サ行

	水平距離 ………………………… 22
最確値 …………………………… 21	図解図根点 ……………………… 139
最大傾斜線 ……………………… 141	図根点 …………………………… 139
細部測量 ………………………… 33	図　式 …………………………… 149
錯　誤 ……………………… 20, 31	スタジアヘヤ …………………… 39
下げ振り ………………………… 23	スタティック方式 ……………… 129
三角関数 ………………………… 10	
三斜法 …………………………… 88	整　準 ……………………… 38, 78
三辺法 …………………………… 89	整　置 …………………………… 78
	精　度 …………………………… 52
ジオイド高 ……………………… 126	赤　道 …………………………… 18
ジオイド面 ……………………… 13	セッション計画 ………………… 130
色　調 …………………………… 158	繊維製巻尺 ……………………… 22
指　向 …………………………… 78	前　視 …………………………… 103
子午線 …………………………… 18	選　点 …………………………… 57
視　差 …………………………… 155	
視差差 …………………………… 155	相対測位 ………………………… 128
視　準 …………………………… 39	造　標 …………………………… 57
自然誤差 ……………………… 20, 31	属性情報 ………………………… 166
実体視 …………………………… 156	測　線 …………………………… 33
実用網平均計算 ………………… 133	測地測量 ………………………… 13
地盤高 …………………………… 103	測　点 …………………………… 33

測量の三要素	5
外 業	5, 33

タ行

太閤検地	7
大地測量	13
谷 線	141
単測法	40
単独測位	128
地上写真測量	150
地上レーザースキャナ測量	164
地 図	148
地図情報	166
地性線	141
地ぼう測量	140
中間点	103
直接水準測量	101
つなぎ線法	32
定 位	78
定誤差	20
ディファレンシャル方式	129
電子基準点	134
電子国土	168
電子セオドライト	36
電子納品	51
電磁波測距儀	28
電子平板	86
電子レベル	112
天頂角	44
電波測距儀	28
等角点	152
等高線	142
等高線法	122
等こう配線	147

踏 査	57
到 心	78
道線法	82
トータルステーション	48
凸 線	141
度分法	34
トラバース	54
トラバース網	55
トランシット法則	70
度・量・衡	2

ナ行

斜め写真測量	150
二辺と夾角	89
のりこう配	118
ノンプリズム測距型	48

ハ行

倍横距	92
倍 角	42
倍角差	42
バーコード標尺	112
反射鏡	28
反射鏡定数	29
反射式実体鏡	156
比 高	103
ピタゴラスの定理	11
標 高	100
ピンポール	23
フィックス解	131
プラニメータ	96
プリズム測距型	48
フロート解	131

■ 索　引

閉合誤差	69	両端断面平均法	118
閉合トラバース	55		
閉合比	69	レーザースキャナ測量	164
平面測量	13		
平面直角座標	19	**英数字**	
ベクター地図	166	B. A.	119
ヘロンの公式	89	B. S.	103
偏角法	59		
		C. A.	119
方　位	64		
方位角	62	DGPS	129
望遠鏡の正反	40		
方向法	42	F. S.	103
放射法	80		
補助曲線	143	G. H.	103
骨組測量	33, 54	GIS	166
ポール	23	GPS 固定点	134
ポール横断	117	GPS 測量	125
		I. H.	103
マ行		I. P.	103
メートル単位	4	ITRF94	126
メモリーカード	48		
		RATIO	131
もりかえ点	103	RMS	131
盛土高	119	RTK-GPS	134
盛土面積	119		
		T. P.	103
ヤ行		TS	48
野　帳	33		
		VLBI 測量	162
横視差	155	VRS 方式	136
ラ行		WGS84	126
ラスター地図	166		
		1 測長	24
リアルタイムキネマティック法	134	3 次元網平均計算	133
両　差	124		
稜　線	141		

174

〈監修者略歴〉

粟津清蔵（あわづ　せいぞう）
1944 年　日本大学工学部卒業
1958 年　工学博士
現　在　日本大学名誉教授

〈著者略歴〉

包国　　勝（かねくに　まさる）
1968 年　京都大学工業教員養成所卒業
現　在　高知県立高知工業高等学校校長

茶畑洋介（ちゃばた　ようすけ）
1977 年　東洋大学工学部修士課程修了
現　在　高知県立安芸桜ヶ丘高等学校校長

平田健一（ひらた　けんいち）
1973 年　東洋大学工学部卒業
現　在　高知県教育委員会高等学校教育課

小松博英（こまつ　ひろひで）
1988 年　東海大学海洋学部卒業
現　在　高知県立高知工業高等学校教諭

- 本書の内容に関する質問は，オーム社出版部「(書名を明記)」係宛，書状またはFAX (03-3293-2824) にてお願いします．お受けできる質問は本書で紹介した内容に限らせていただきます．なお，電話での質問にはお答えできませんので，あらかじめご了承ください．
- 万一，落丁・乱丁の場合は，送料当社負担でお取替えいたします．当社販売管理部宛お送りください．
- 本書の一部の複写複製を希望される場合は，本書扉裏を参照してください．

JCLS ＜(株)日本著作出版権管理システム委託出版物＞

絵とき　測　量（改訂2版）

平成 5 年 5 月 10 日　　第 1 版第 1 刷発行
平成 17 年 7 月 20 日　　改訂 2 版第 1 刷発行

著　者　包国　　勝
　　　　茶畑洋介
　　　　平田健一
　　　　小松博英
発行者　佐藤政次
発行所　株式会社　オ ー ム 社
　　　　郵便番号　101-8460
　　　　東京都千代田区神田錦町 3-1
　　　　電話　03(3233)0641(代表)
　　　　URL　http://www.ohmsha.co.jp/

© 包国　勝・茶畑洋介・平田健一・小松博英 2005

印刷　エヌ・ピー・エス　　製本　協栄製本
ISBN4-274-20107-4　Printed in Japan

ハンディブック 土木

改訂2版

粟津清蔵 監修・A5判・664頁

初学者でも土木の基礎から実際まで全般的かつ体系的に理解できるよう，項目毎の読み切りスタイルで，わかりやすく，かつ親しみやすくまとめている．第1版の内容に加え，完全SI化や関連諸法令の改正に伴う見直しを行い，さらに，環境やリサイクル，技術倫理などの最新のトピックスを充実させている．

主要目次

第1編　土木に必要な数字
第1章　数学の基礎／第2章　図形と方程式／第3章　ベクトル・行列／第4章　微分法・積分法

第2編　応用力学
第1章　材料の強さ／第2章　力のつりあい／第3章　はり／第4章　部材断面の性質／第5章　はりの設計／第6章　柱／第7章　トラス／第8章　はりのたわみと不静定ばり

第3編　地盤力学
第1章　土の生成と地盤の調査／第2章　土の基本的な性質／第3章　土の透水性／第4章　地中の応力／第5章　土の圧密／第6章　土の強さ／第7章　土　圧／第8章　土の支持力／第9章　斜面の安定／引用・参考文献

第4編　水理学
第1章　静水圧／第2章　水の運動／第3章　管水路／第4章　開水路／第5章　オリフィス・せき・ゲート／引用・参考文献

第5編　測　量
第1章　測量の基礎／第2章　平板測量／第3章　トランシット測量／第4章　水準測量／第5章　面積・体積の計算／第6章　三角測量／第7章　地形測量／第8章　路線測量／第9章　写真測量／第10章　これからの測量技術／参考文献

第6編　土木材料
第1章　木　材／第2章　石　材／第3章　金属材料／第4章　歴青材料／第5章　セメント／第6章　コンクリート／第7章　その他の土木材料／参考文献

第7編　鉄筋コンクリート
第1章　許容応力度設計法／第2章　限界状態設計法／第3章　コンクリート構造物の劣化と補修

第8編　鋼構造
第1章　鋼構造の概要／第2章　部　材／第3章　部材の接合／第4章　プレートガーダー橋の設計／第5章　トラス橋の設計／その他の橋／引用・参考文献

第9編　土木施工
第1章　土　工／第2章　コンクリート工／第3章　基礎工／第4章　舗装工／第5章　トンネル工／第6章　上下水道工／第7章　その他の施工技術

第10編　土木施工管理
第1章　施工管理と工程図表／第2章　品質・原価・安全の管理／第3章　土木施工関連法規

第11編　土木計画
第1章　これからの国土計画／第2章　交　通／第3章　治　水／第4章　利　水／第5章　都市計画／第6章　環境保全と防災／引用・参考文献

第12編　農業土木
第1章　農業水利／第2章　かんがい／第3章　農地の排水／第4章　農地の造成／第5章　農地の整備と保全／第6章　地域開発と農村整備／引用・参考文献

第13編　環境世紀と社会資本
第1章　わが国の社会資本整備／第2章　土木技術者の倫理／第3章　循環型社会の構築／第4章　地球と企業と私たちのためのISO／第5章　新しい建設技術／引用・参考文献

もっと詳しい情報をお届けできます．
●書店に商品がない場合または直接ご注文の場合も　右記宛にご連絡ください．

ホームページ　http://www.ohmsha.co.jp/
TEL／FAX　TEL.03-3233-0643　FAX.03-3293-6224